Frauen
einfach genial

Frauen
einfach genial

18 Erfinderinnen,
die unsere Welt verändert haben
Barbara Sichtermann und Ingo Rose

KNESEBECK

Ideen hatten Frauen schon immer. Und manche brachten sogar etwas auf die Welt, was noch nie da gewesen war – eine epochale Erfindung. Solche Frauen gab es in vormoderner Zeit eher selten, im 19. Jahrhundert schon öfter und im 20. dann immer wieder. Die Aussichten sind vielversprechend. Frauen und Technik, Frauen und Wirtschaft – das sind schon lange keine zwei Welten mehr.

Am Anfang jeder Erfindung steht eine gute Idee. Die eigentlich erfinderische Arbeit besteht dann in ihrer Umsetzung. Dafür benötigt man Inspiration, Intuition, Chuzpe, Wagemut, Dreistigkeit und wohl auch ein bisschen Größenwahn. Aber ebenso Beharrlichkeit und den Musil'schen »Möglichkeitssinn«. Doch woher stammt nun die Idee?

Am Anfang jeder Erfindung steht eine gute Idee.

Bei aller Einbildungskraft, die vorwegnimmt und ausmalt, ist es doch die Erfahrung, die den Humus bildet, aus dem sich die Idee nährt. Wenn Frauen also zu Erfinderinnen wurden, bezogen sich ihre Schöpfungen oft auf die häusliche Sphäre, denn diese bildete ihren Erfahrungshorizont. Frauen lebten und wirkten während des 18. und 19., auch über weite Strecken des 20. Jahrhunderts vorwiegend für ihre Familien, also ersannen die kreativen unter ihnen Neuerungen für den Haushalt oder in den Bereichen Kindererziehung, Mode und Körperpflege.

Aber es gibt auch die ganz anderen Erfinderinnen, die sich in männliche Domänen hineingewagt haben: Hedy Lamarr, berühmte US-Schauspielerin in den 1930er Jahren, entwickelte eine Fernsteuerung für Torpedos, deren Prinzip noch heute in vielen Geräten, etwa dem Funktelefon, fortwirkt.

Auch der Scheibenwischer, ertüftelt von Mary Anderson, kommt nicht aus der häuslichen Welt, ebenso wenig der Paketfallschirm, den die Luftfahrtpionierin Käthe Paulus erfand, und das Tortendiagramm, das zurückgeht auf eine Idee der berühmten Krankenschwester Florence Nightingale.

Ausdrücklich berücksichtigen wir Erfinderinnen seit dem 19. Jahrhundert, die mehr oder weniger auf sich allein gestellt gearbeitet haben und denen man eine Neuschöpfung nicht ohne weiteres zugetraut hätte. Die ganz großen Namen aus der Wissenschaft – Paradebeispiel: Marie Curie – und aus der industriellen Forschung, von denen es heute bereits viele gibt, haben wir nicht in dieses Buch aufgenommen.

Bei aller Einbildungskraft ist es doch die Erfahrung, die den Humus bildet.

Frauen hatten einige Hürden zu überwinden, wenn sie eine Erfindung in die Welt setzen wollten. Oft gab es einen Mann im Hintergrund, der half oder die Umsetzung der Idee übernahm. Entweder, weil nur er die nötigen praktischen Fertigkeiten besaß, oder einfach, weil es nun mal keine weiblichen Erfinder geben durfte. Dokumentiert sind mancherlei Beispiele für Erfindungen von Frauen, die dann ihrem Ehemann oder einem Mitarbeiter zugeschrieben wurden. Zum Teil, weil Frauen sich nicht vehement genug für ihre Belange einsetzten, oder auch, weil sie keine Patente anmelden durften. Eine patentfähige Erfindung muss nämlich gewerblich anwendbar und tatsächlich neu sein. Man traute Frauen den dafür nötigen kreativen Geist und Geschäftssinn nicht zu, schloss sie deshalb als Patentinhaberinnen von vornherein aus oder forderte den Ehemann auf, sich der Sache anzunehmen. Manche Frauen wurden so auch erst zu erfolgreichen Erfinderinnen, wenn der Mann ihnen abhandengekommen war. Dann erlebten viele eine unbekannte Freiheit und nutzten sie.

»Faulheit ist die Mutter aller Erfindungen«, stellte der Theaterautor Curt Goetz fest. Weil der Mensch zu träge wurde, die Stube zu kehren, erfand er den Staubsauger. Weil er nicht zu Fuß gehen mochte, erfand er die Kutsche und bald das Auto, und weil er zu faul war, für ein Gespräch die eigenen vier Wände zu verlassen, erfand er das Telefon. Dieser Mensch war meistens ein Mann. So sieht es jedenfalls aus, wenn man die lange Liste berühmter Erfinder betrachtet. Und tatsächlich ist die Gruppe der Frauen recht übersichtlich – auch wenn man sich weltweit umschaut. Die achtzehn Erfinderinnen aus diesem Buch wirkten in zweieinhalb Jahrhunderten, und die meisten stammen aus europäischen Industrieländern – sehr viele mehr gibt es nicht.

Woran liegt das? Sind Frauen womöglich nicht so faul wie Männer? Haben oder hatten sie einfach nicht die Muße, eine Erfindung zu tätigen, weil sie neben Haushalt, Krankenpflege und Kindererziehung schlicht keine Zeit fanden? Oder lockt sie etwa nicht der Ruhm? »Erfinder sind die wahren Wohltäter der Menschheit und verdienen größere Ehre als die, welche beweinenswerte Schlachten lieferten und große Länder eroberten, ohne zu verstehen, ihr eigenes Land glücklich zu machen«, so der Schriftsteller Karl Julius Weber. Haben Frauen kein Interesse, keine Lust oder keine Ahnung, etwas zu erfinden?

Frauen interessiert das Prestige, das eine außerordentliche Idee ihnen einträgt, (noch) nicht besonders.

An mangelnden Kenntnissen lag es tatsächlich vor allem. Frauen hatten über viele Jahrhunderte kaum eine Chance, einen formalen wissenschaftlichen Ausbildungsgang zu durchlaufen. Systematisch wurden sie von den Hochschulen und anderen Forschungsstätten ferngehalten, unter Zuhilfenahme subtiler Mechanismen. Schon die Zugangsvoraussetzungen konnten sie kaum erfüllen, da ihre schulische Bildung dürftig war oder ganz fehlte. Sehr beliebt war die Assoziation von Weiblichkeit mit reinem Gefühl und einem Defizit beim logischen Denken – welche Frau wäre schon in der Lage, Bücher zu studieren und systematisch Experimente durchzuführen? Und wenn sie es war, sprach man ihr kurzerhand die Weiblichkeit ab.

»This is a men's world: Men made the cars to take us over the road. Men made the train to carry the heavy load. Men made electric light to take us out of the dark.« Der Sänger James Brown bringt es auf den Punkt. Wir sind umgeben von Schöpfungen wie dem Auto, dem Computer, dem Flugzeug und der Eisenbahn – alles von Männern ersonnen. Denn die sind »faul« genug und haben Zeit und Muße, sich mit außergewöhnlichen Ideen zu beschäftigen. Ihre Welt war immer schon größer, weiter und komplexer als die der Frauen, die den Abwasch erledigten, Kaffee kochten, Kinder aufzogen und Briefe tippten.

Männer neigen eher als Frauen zur Selbstüberschätzung, wollen Rivalen aus dem Feld schlagen und das andere Geschlecht beeindrucken – mit einer Erfindung klappt das immer. Frauen interessiert das Prestige, das eine außerordentliche Idee ihnen einträgt, (noch) nicht besonders, sie sind nüchterner, solider, vorsichtiger, praxisbezogener, wollen öfter bewahren, zusammenhalten und Ressourcen sichern und machen die entsprechenden Erfindungen. Aber jetzt ändert sich vieles. Unsere Welt wird zur »women's world«.

»Erstmals eine Frau« ist ein Satzbeginn, den man in den letzten Jahrzehnten immer häufiger in immer kürzeren Abständen hört oder liest. Es gibt die erste Bischöfin, Bundeskanzlerin, Dirigentin, Wirtschaftsnobelpreisträgerin, die ersten Jagdbomberpilotinnen und Fußballweltmeisterinnen. Dieses exponentielle Wachstum ist auch bei Erfinderinnen zu beobachten, denn Frauen sind heute gut ausgebildet und formen eine sich verstärkende Fraktion in den Forschungs- und Entwicklungsabteilungen großer Industriebetriebe. Durch allerlei Förderprogramme und den bekannten »Girl's Day« gewinnen Universitäten und Wirtschaftsunternehmen mehr und mehr weibliche Forscher und Facharbeiter in traditionell männlich dominierten Berufen wie Maschinenbau, Physik und Chemie. Am meisten hilft den jungen Frauen ein positives Rollenmodell, das heißt, wenn sie auf Frauen stoßen, die es auf diesen Gebieten geschafft haben. Dazu gehören einige der in diesem Band versammelten weiblichen Genies.

Doch obwohl Frauen weltweit Informatik, Psychologie und Wirtschaft studieren, stammen die wenigsten Neuerungen der letzten zwanzig Jahre, wie Windows, Apple, Google, Facebook, Youtube oder Xing, von ihnen. Warum nutzen so wenige Frauen ihre neuen Chancen? Liegt es an ihren Neigungen, ihrem Naturell oder an der Lebensplanung? Noch sind die traditionalen Frauenbilder nicht überall verblasst, und die Mutterschaft zieht viele Frauen aus dem Pool der jungen Begabungen ab. Jedoch: »Die Welt kann es sich nicht leisten, die Talente der Hälfte ihrer Bevölkerung zu verschwenden, wenn die vielen Probleme, die uns bedrängen, gelöst werden sollen«, so die Medizin-Nobelpreisträgerin Rosalynn Yalow. Noch kommt erst knapp jede zwanzigste Patentanmeldung von einer Frau. Doch das wird sich ändern. Es wird immer mehr Frauen geben, die nachdenken, experimentieren und ihre Ideen realisieren wie Marion Donovan: Sie hielt allein zwanzig Patente.

Ingo Rose und Barbara Sichtermann

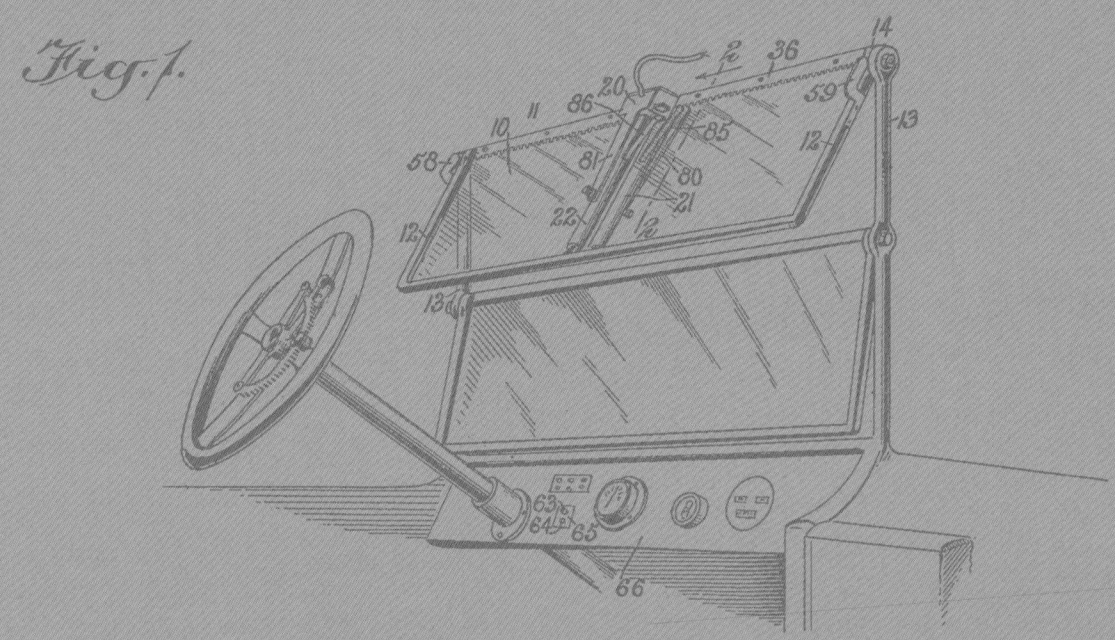

Was Tin Lizzy fehlte
Mary Anderson
und der Scheibenwischer

New York City im Winter des Jahres 1902. Mary Anderson, 36 Jahre alt, war zu Besuch in der großen Stadt. An diesem frostigen Tag saß sie in einer Tram und beobachtete, wie man es häufig besonders intensiv auf Reisen tut, das Treiben der Menschen. Beim Blick aus dem Fenster fielen ihr die wenigen Kraftfahrer auf, die schon hie und da unterwegs waren. Frauen steuerten noch ganz selten diese neumodischen Vehikel mit Motor, erst zwei Jahre zuvor erhielt in den Staaten erstmals eine Frau den Führerschein für ein »vierrädriges dampf- oder benzingetriebenes Fahrzeug«. Ein ungemütlicher Schneeregen fiel vom Himmel, die armen Männer mussten ständig die Frontscheibe zurückklappen oder gleich das ganze Verdeck öffnen. Warum?

Schneegriesel und Graupel versperrten den Fahrern die Sicht, umständlich rieben sie die Windschutzscheibe mit einem Tuch klar. Diese Szene hinterließ bei Mary Anderson einen nachhaltigen Eindruck, sie vergaß sie nicht. Beständig dachte sie darüber nach, was für eine Vorrichtung wohl das Leben der Kraftfahrer erleichtern und die Sicherheit auf den Straßen erhöhen könnte – denn nicht wenige Unfälle hatten gerade dieses wiederholte und umständliche Fensterputzen als Ursache.

Zurück im warmen Birmingham, Bundesstaat Alabama, wo Anderson zu Hause war, fertigte sie eine Skizze an. Zu sehen ist eine praktikable Vorrichtung, die bereits sehr unseren heutigen Scheibenwischern ähnelte. Die Apparatur wurde mit Hilfe eines Hebels im Fahrerinnenraum, nah am Steuerrad, von Hand bedient. In mehreren Schritten konkretisierte Anderson ihr Vorhaben und dachte dabei auch an die Möglichkeit, den Wischarm bei sonnigem Wetter zu entfernen.

Vorhergehende Doppelseite:
Manch einer ist erstaunt,
wenn er erfährt, dass eine
Frau den Scheibenwischer für
das Automobil erfunden hat:
Mary Anderson, 1921

Mary Anderson (rechts) reiste gern,
und es ging auch ohne männliche
Begleitung. Hier ist sie zu sehen mit Rose
Schneiderman (links), einer prominenten
amerikanischen Sozialistin und Führerin
der Arbeiterbewegung der Frauen, auf
ihrer Reise zur »Paris Peace
Conference«, 1919

Damit die Wischblätter mit den Gummiprofilen eine ausreichend gute Reinigung erzielten, übten Rückholfedern Zug auf die Wischarme aus und drückten so die Gummilippen auf die Scheibe. Bei einer ortsansässigen Manufaktur ließ Anderson einen Prototyp bauen. Das Ergebnis war sehr vielversprechend. Es gab zwar bereits Vorrichtungen, die eine freie Sicht durch Windschutzscheiben ermöglichen sollten, aber keine funktionierte hinreichend. Niemand glaubte ernsthaft daran, dass das Wischproblem gelöst werden könnte, es war etwas, woran sich die Fahrer einfach schon gewöhnt hatten; sie dachten nicht mehr darüber nach.

Anders Mary. Ihre ausgeklügelte, aber einfache Erfindung versprach Abhilfe. Und zwar so gut und zuverlässig, dass sie ein Jahr später im Juni des Jahres 1903 – im selben Monat gründete Henry Ford die Ford Motor Company in Detroit, Michigan – beim United States Patent Office einen Antrag auf ein Patent stellte. (Eigentlich ist »Patent« die Abkürzung von »Letters Patent« = »offener Brief«, was besagt, dass so ein Brief nicht versiegelt, also für die Öffentlichkeit zugänglich ist.) In dem Patentbrief beschreibt sie, dass »die Wischarme

> **Damit die Wischblätter mit den Gummiprofilen eine ausreichend gute Reinigung erzielten, übten Rückholfedern Zug auf die Wischarme aus und drückten so die Gummilippen auf die Scheibe.**

innerhalb der Wischzone einen gleichmäßigen Druck auf die Glasscheibe ausüben und dass die einzelnen Teile der Vorrichtung unabhängig voneinander arbeiten, damit der Defekt eines Bauteils nicht den Ausfall des ganzen Apparates zur Folge hat und dieses auch leichter auszutauschen ist«.

Die Möglichkeiten zum Austausch und auch zum Abmontieren waren wichtige Kriterien, denn man empfand es damals als sehr störend, fortwährend Wischblätter vor der Nase zu haben. Es ist schon seltsam – nur weil man etwas noch nicht kennt, hält man das Bestehende für überlegen und nimmt sogar umständliche, lästige und selbst gefährliche Verrichtungen in Kauf. Andersons Erfindung war ein Einarmwischer, den es vereinzelt auch heute noch gibt. Im Zuge der Automobilentwicklung wurde die Funktionsweise dieser Vorrichtungen gegen störende Feuchtigkeit auf der Windschutzscheibe variiert. Mittlerweile gibt es gleichlaufende und gegenläufige Wischer, Einhebelwischer mit Hubsteuerung, Parallelogrammwischer, Pantografenwischer, zweifach-unabhängige Wischer und Dreifachwischer. Ihr Patent Nr. 743.801 für eine »Fensterscheiben-Reinigungsvorrichtung« wurde Mary Anderson am 10. November 1903 erteilt. Man gewährte ihr Urheberschutz für die nächsten siebzehn Jahre. Mit der Patenterteilung hatte sie nun das verbriefte Recht, anderen die Verwendung ihrer Erfindung zu verwehren. In jener Zeit begann gerade erst die massenhafte Motorisierung des großen Landes. Fords legendäres Modell T, die Tin Lizzy, ging erst 1908 in Serie und begründete damit einen ganz neuen Lebensstil: den amerikanischen.

Die gewünschte Demontage der Wischblätter, etwa bei trockenem Wetter, wurde bald hinfällig. Die Automobilisten merkten schnell, dass die Scheibenwischanlage sie nicht ablenkte oder störte. Die Dienste der Apparatur wurden auch öfter benötigt als gedacht, sogar im Sommer und selbst in der Wüste, wenn ein Sturm aufkam. Das ständige Ab- und Anbauen der Wischblätter war dabei eher lästig. Über all diese Überlegungen kann man sich heute nur noch wundern – wir denken einfach nicht mehr darüber nach.

> **Die Automobilisten merkten schnell, dass die Scheibenwischanlage sie nicht ablenkte oder störte.**

Nun sollte man meinen, die Erfindung wäre Frau Anderson aus den Händen gerissen worden. Ganz im Gegenteil: Anderson hatte bereits 1905 versucht, die Rechte an ihrer Erfindung einem großen kanadischen Unternehmen zu verkaufen. Das Management aber glaubte nicht an eine erfolgreiche Vermarktung des Produkts. Frau Anderson erging es wie Hedy Lamarr mit der Funkfernsteuerung für Torpedos – erst nachdem der Patentschutz abgelaufen war, begannen die meisten Hersteller im großen Stil, ihre Fahrzeuge serienmäßig mit Scheibenwischanlagen auszustatten. Typische Merkmale der Anderson'schen Erfindung bildeten die Grundlage zur Konstruktion dieser Scheibenwischer.

Bald wurden Scheibenwischanlagen als selbstverständlicher Bestandteil eines Automobils angesehen. Andere Konstrukteure gingen daran, an deren Verbesserung zu arbeiten. Eine weitere weibliche Erfinderin aus den Staaten, Charlotte Bridgwood, patentierte 1917 einen automatischen Scheibenwischer und nannte ihn »Sturm-Windschutzscheibenreiniger«. 1921 kam der erste hydraulische Scheibenwischer auf den Markt, und fünf Jahre später meldete Bosch in Deutschland eine elektrische Variante des Scheibenwischers zum Patent an. Im Mutterland des Automobils hatte sich auch ein Mitglied der kaiserlichen Familie an die Entwicklung eines Scheibenwischers gewagt: Prinz Heinrich, der Bruder des Deutschen Kaisers. Bereits 1905 wurde ihm das Patent (DRP 204343) für eine manuell arbeitende Scheibenwischer-Apparatur erteilt.

Vereinzelt erhielt Mary Anderson immerhin Provisionen, aber im Großen und Ganzen ging sie leer aus. Sie hatte in ihrem Leben mehrere Berufe ausgeübt, die ihr ein solides Auskommen sicherten, so dass sie nicht am Hungertuch nagen musste. Sie war nacheinander Immobilienentwicklerin, Farmerin und Winzerin.

Automobile hatten anfangs selten einen Wind- und Regenschutz. Automobil mit Chauffeur, 1900

Bei all der Arbeit vergaß sie jedoch nicht, sich um sich selbst zu kümmern und Spaß zu haben. Sie meditierte regelmäßig und trat mit Vorliebe als Bauchrednerin bei kleinen Familienfesten und anderen Veranstaltungen auf. Geboren wurde sie 1866 auf der Burton Hill Plantage in Greene County im Baumwollstaat Alabama. Die Südstaaten hatten zwar den Sezessionskrieg verloren, den Andersons ging es auf ihrer Plantage aber dennoch vergleichsweise gut. Mary war 23 Jahre alt, als sie mit ihrer Mutter und der Schwester ins boomende Birmingham umzog. Die Stadt wuchs schnell, weil reiche Erzvorkommen zur Ansiedlung einer bedeutenden Stahlindustrie führten. Anderson investierte in Immobilien und baute an der zentralen Highland Avenue für eine zahlungskräftige Klientel die Fairmont Apartments. Sie war und blieb rastlos. 1893 zog sie weiter nach Fresno, Kalifornien, betrieb dort eine Rinderwirtschaft und beackerte zusätzlich einen Weinberg. Dieses Leben führte sie so lange, bis sie schließlich die Nachricht erreichte, dass es einer Tante schlecht ginge, und sie sich entschloss, nach Birmingham zurückzugehen, um dieser zu helfen. Mary blieb in Birmingham, der mittlerweile größten Stadt Alabamas, und verwaltete bis auf weiteres die Apartmenthäuser der Familie. 1953, mit 87 Jahren, starb sie in Monteagle, Tennessee, wo sie ein Sommerdomizil besaß.

Bevor sich Anderson auf jene legendäre Reise nach New York begab, bei der sie auf die Idee mit dem Scheibenwischer kam, war die Tante gestorben, die sie gepflegt hatte, und die Familie regelte nun den Nachlass. Man öffnete fünfzehn Schrankkoffer und Truhen, die im Schlafzimmer untergebracht waren, und entdeckte dabei große Mengen an Schmuck und Gold. Dieser unerwartete Geldsegen ermöglichte es Mary, ihre Reise nach New York anzutreten. Und auch die finanzielle Vorleistung für den Bau eines Scheibenwischermodells wäre wohl sonst nicht zu leisten gewesen. Wer weiß, ob es ohne die Tante und Marys Bereitschaft, ihr beizustehen, die Erfinderin Anderson je gegeben hätte.

Gleichlaufende Wischer beim VW-Käfer – eine meditative Angelegenheit, wenn sie nicht quietschen. Berlin

Über Wasser
Marion Donovan
und die Einwegwindel

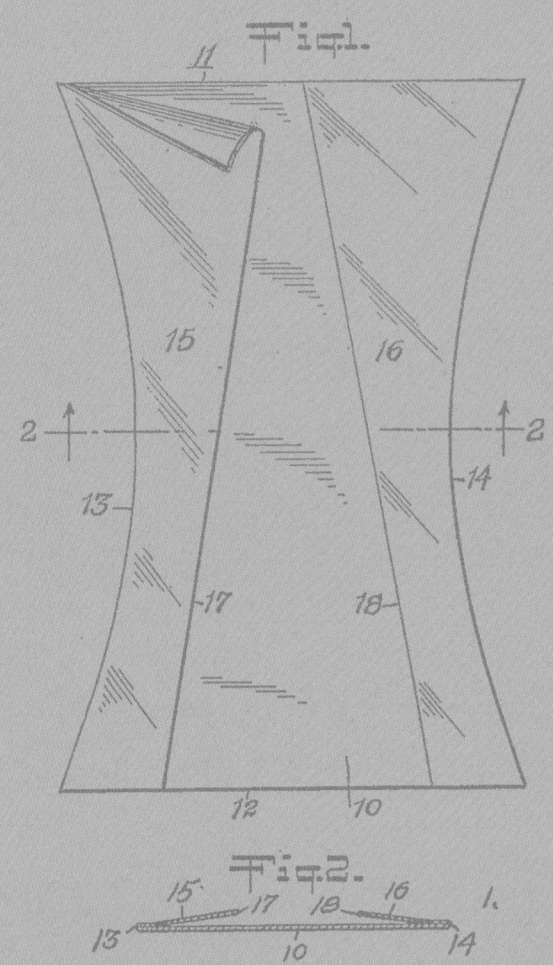

Sie war eine sehr zugewandte Mutter. Aber
das ewige Wechseln der Windeln lag ihr gar nicht – wobei das dabei stets statt-
findende Spiel mit dem Baby noch seine beglückende Seite hatte. Störend waren
vor allem das Säubern der Gummiunterlagen im Bettchen und das Waschen der
Windelberge. Sie hasste das niederdrückende Gefühl der Vergeblichkeit, das
Mutter und Kind beschlich, wenn, wie es häufig vorkam, die Windel kurz nach
dem Wechsel schon wieder »voll« war – diese Sisyphusarbeit passte so gar nicht
zum Mutterglück. Marion Donovan, Ehefrau und Mutter zweier Töchter, war
nicht von gestern. Sie hatte studiert, Literatur, und für die Zeitschriften »Vogue«
und »Harper's Bazaar« gearbeitet. Sie wunderte sich, dass dieses lästige, mit der
Kleinkinderzeit verbundene Problem der Windelei im Jahre des Fortschritts
1946 nicht schon längst gelöst worden war. Der Zweite Weltkrieg hatte viele Mütter genötigt, in der Industrie ihre Frau zu stehen. Um ihnen sowie den Nannys
und Omas die tägliche Arbeit zu erleichtern, hatte man Windeldienste eingerich-
tet. Aber war das wirklich schon das letzte Wort in Sachen Babypopo?

Marion O'Brien erblickte 1917 in Fort Wayne, Indiana, als Spross einer Familie von Tüftlern das Licht der Welt. Ihr irischstämmiger Vater Miles O'Brien
stellte gemeinsam mit seinem Zwillingsbruder Richard Getriebe für die junge
Autoindustrie her und bastelte an eigenen Modellen. Die wichtigste Erfindung
der Brüder war eine Drehbank, die für die Getriebeproduktion bald unentbehrlich wurde. Da die kleine Marion ihre Mutter als Siebenjährige verloren hatte,
rückte sie eng an ihren Vater und den Onkel heran und verbrachte viel Zeit mit
ihnen in der Werkstatt. Sie half mit Handreichungen und guckte genau zu; bald
erwachte in ihr der Ehrgeiz, auch einmal etwas zu erfinden. Als Grundschülerin
soll sie ein »Zahnpulver« eigener Zubereitung unter die Klassenkameraden gebracht haben. Später, auf dem Rosemont College in Philadelphia, fiel sie durch
gute Leistungen auf, 1939 machte sie ihren BA in englischer Literatur. Sie ging
nach New York und musste dort nicht lange kämpfen, bis sie bei der »Vogue«
einen Job bekam. Aber dann erschien 1942 der Geschäftsmann James Donovan,
Leder-Importe, in ihrem Leben, entführte sie nach Westport, Connecticut, und
gründete mit ihr eine Familie. Ihre beiden Töchter Christine und Sharon – später
kam noch Sohn James hinzu – machten Marion viel Arbeit, ließen ihr aber auch
Zeit, nachzudenken. Zum Beispiel über eine Lösung des Windel-Problems. Es
gab doch längst wasserfestes Material. Marion erinnerte sich an ihren kindlichen
Ehrgeiz: Sie wollte Erfinderin werden! Sie öffnete die Badezimmertür, erblickte
den Duschvorhang aus Kunststoff, betrachtete ihn erst sinnierend und befühlte
ihn schließlich. Sie löste ihn von der Stange, trug ihn in ihr Zimmer, entwarf auf
die Schnelle das Schnittmuster für ein Höschen, platzierte dieses auf dem am
Boden ausgebreiteten Vorhang und ging mit der Schere drauf los. Dann setzte sie
sich an ihre Nähmaschine. Das so entstandene Überhöschen, das nur an den beiden Seiten zunächst mit Klammern oder Sicherheitsnadeln zusammengehalten
werden musste, probierte sie gleich an der zweijährigen Christine aus. Sie zog ihr

*Das Waschen, Bügeln und
Zusammenlegen war vor der
Erfindung der Wegwerfwindel
ein zeitraubendes Verfahren.
1937*

das Höschen über die Windel, besserte, um eine gute Passform zu erhalten, mit der Schere nach und wartete ab. In der Tat. Christines Spielanzug blieb trocken, genau wie später das Kinderbettlaken.

Donovan nannte ihre Erfindung »Boater«, Bootsmann, weil sie den Kleinkindern half, »sich über Wasser zu halten«. Sie rundete die praktische Lösung ab, indem sie die seitlichen Sicherheitsnadeln, die häufig aufgingen und pieksten, durch Druckknöpfe ersetzte. Erst 1951 erhielt sie das Patent für ihren Windel-Prototyp aus wasserfestem Fallschirm-Nylon.

Vor dem »Boater« hatten Industrie und Mütter schon mit Gummihöschen experimentiert. Aber da diese Höschen nicht nur wasser-, sondern auch luftdicht abschlossen, führten sie zu schmerzhaftem Ausschlag auf dem Babypopo und brachten damit keinerlei Fortschritt. Donovan hatte mit ihrem Griff nach dem Duschvorhang das richtige Material entdeckt, durch welches sich das schwierige »Luft rein, aber Feuchtigkeit nicht raus«-Problem lösen ließ.

Schließlich klappte es auch mit der Kommerzialisierung des »Boaters«; das Windelhöschen wurde an der Fifth Avenue bei Saks verkauft und erwies sich als Riesenerfolg. Als sie das Patent in der Tasche hatte, verkaufte Donovan Marke und Rechte für eine Million Dollar an die Keko-Corporation, einen Hersteller von Kinderkleidung.

Inzwischen hatte sie weitergedacht. Was der »Boater« umhüllte, waren ja immer noch Mullwindeln, also Stofftücher. Diese könnte man doch, so schwebte es Donovan vor, durch einen saugfähigen Zellstoff ersetzen, der die Feuchtigkeit von der Haut des Babys ins Innere der Windel beförderte und sie dort festhielte. Die gebrauchten Einwegwindeln sollten dann einfach weggeworfen werden.

Donovan gehört zu den typischen weiblichen Erfindern, die sich der vom Alltag gestellten Aufgaben annehmen.

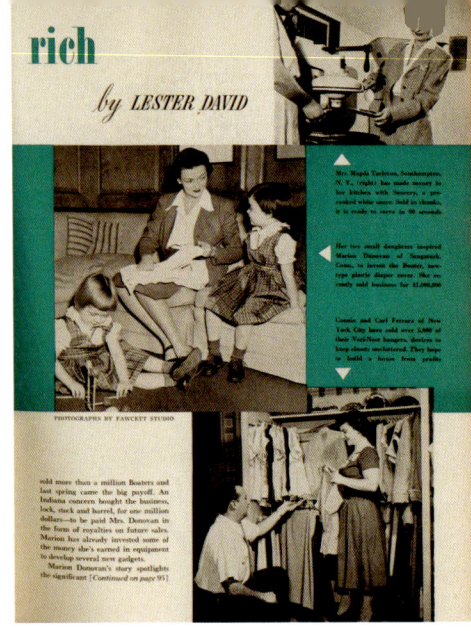

[Continued on page 95]

Donovan nannte ihre Erfindung »Boater«, Bootsmann, weil sie den Kleinkindern half, »sich über Wasser zu halten«.

Donovan entwickelte selbst einen Prototyp. Um den »disposable diaper«, die Wegwerfwindel, durchzusetzen, suchte sie die Direktoren renommierter Papier-fabriken auf – und erntete nichts als Gelächter. Den kurzsichtigen Bossen er-schien der »disposable diaper« schlicht überflüssig. Am Ende resignierte Dono-van – obwohl sie genau wusste, dass dies der richtige Weg war: eine Windel aus Zellstoff, die von einer luftdurchlässigen, Nässe abweisenden Hülle umgeben war. Aber zufrieden mit dem Erfolg des »Boaters« wandte sie sich nun anderen Projekten zu. Vollbluterfinderin, die sie war, hatte sie längst neue Ideen im Kopf, und die hatten nichts mehr mit Windeln zu tun. Dennoch wird sie wohl mit ge-mischten Gefühlen zugeschaut haben, als zehn Jahre später ein gewisser John Mills, Ingenieur bei Procter und Gambles, mit einer Wegwerfwindel an die Öf-fentlichkeit trat, die er »Pampers« nannte. Mills war übrigens praktizierender Großvater und von daher genauso vom Alltag zur Innovation angestiftet wie Donovan. Die »Pampers« wurden ein enormes Geschäft und zum Synonym für die Einwegwindel. Sie waren die exakte Umsetzung von Donovans Idee – nur sie hatte nichts mehr davon.

Unverdrossen ging sie daran, sich selbst noch mal neu zu erfinden. An der Yale-Universität studierte die Fast-Vierzigerin Architektur, machte als eine von drei Frauen des Jahrgangs 1958 den Abschluss und entwarf später für sich und die Familie in Greenwich, Connecticut, ein neues Haus.
Inzwischen war sie ihre zweite Ehe eingegangen, und ihr Gatte John Butler un-terstützte sie beim Hausbau sowie bei allen nun folgenden Erfindungen. Marion entwickelte einen Kompakt-Bügel (»Big Hangup«), der dreißig Kleidungsstücke fasste, einen elastischen Reißverschlussanhänger (»Zippety-Do«), der es erlaubte, Reißverschlüsse auch an entlegenen Stellen leicht zu öffnen und zu schließen, sowie einen Seifenhalter, der das Restwasser sofort durch eine Überlauföffnung entsorgte. Besonders erfolgreich war ihre Zahnseide »Dentaloop«, die für den einmaligen Gebrauch in der richtigen Länge angeboten wurde und nicht mehr

abgeschnitten werden musste. Donovan gehört zu den typischen weiblichen Erfindern, die sich der vom Alltag gestellten Aufgaben annehmen. Wie so manche erfinderische Frau vor und nach ihr gab sie sich mit einer nur halb überzeugenden Lösung von schlichten häuslichen Problemen nicht zufrieden und ertüftelte Verbesserungen. Am Ende hielt sie zwanzig Patente.

Von der Idee bis zur Marktreife ist es immer ein langer Weg. Donovan durchschritt und durchlitt die verschiedenen Phasen meist persönlich und delegierte wenig. Sie entwarf das Design eines neuen Produkts, überwachte die Herstellung, entwickelte Marketingkonzepte und übernahm sogar noch den einen oder anderen Werbefeldzug. Auch die Maschinen, die für die Produktion ihrer Erfindungen gebraucht wurden, begutachtete sie und regte Innovationen an. Ehemann und Kinder halfen zuverlässig, so dass man von einem echten Familien-Erfinder-Betrieb sprechen kann. Marion gab ihre Erfahrungen professionell als Beraterin bei der Entwicklung von Produkten vor allem für Haushalt und Hygiene in den verschiedensten Industriebranchen weiter.

Erst nach ihrem Tod im Jahre 1998 wurde Marion Donovan-Butler als vielseitige Erfinderin gefeiert. Die alte Dame hat bis zu ihrem letzten Tag gearbeitet – an Produktdesigns und Marketingstrategien. Der posthume Ruhm galt insbesondere der Erfinderin der Wegwerfwindel, die heute Familien in aller Welt das Leben erleichtert. Zwar konnte sie ihre Zellstoffwindel nicht selbst zur Marktreife bringen, aber sie war die Frau mit der Idee. Sie war ihrer Zeit voraus.

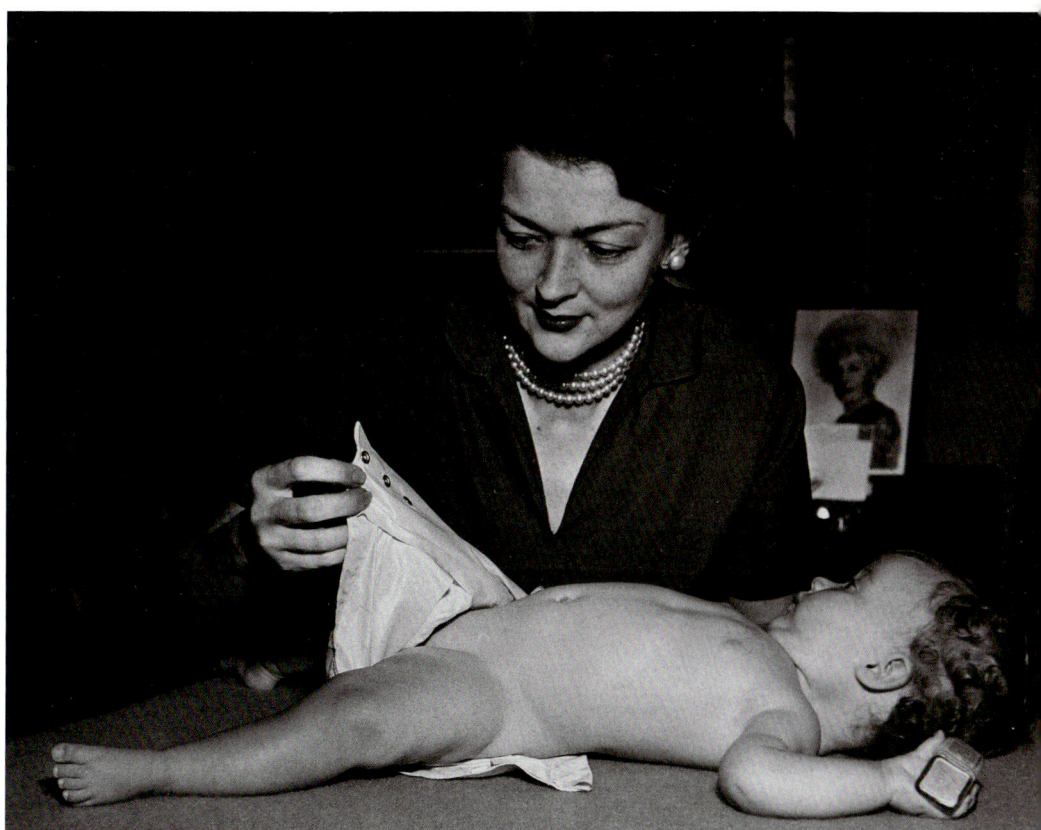

Fehler weg
Bette Graham
und das »Liquid Paper«

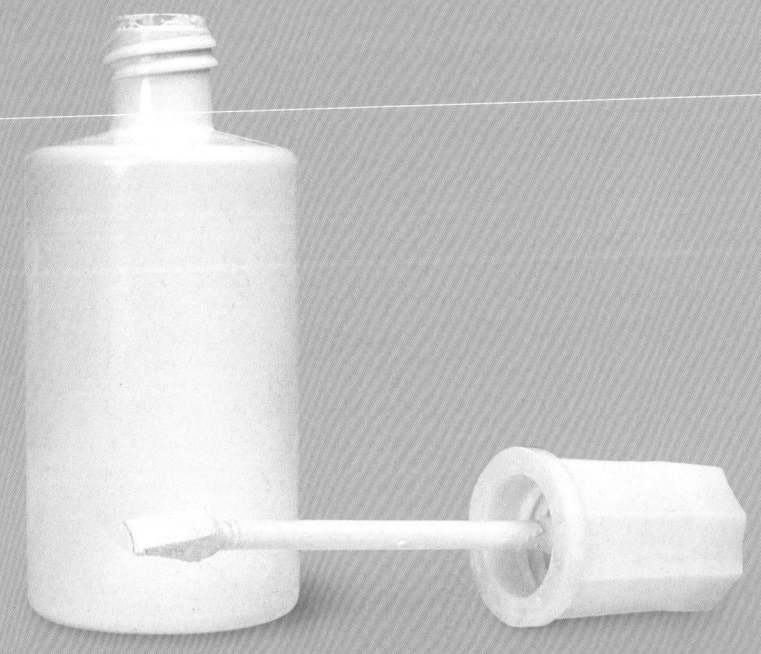

»Nein, das kann nicht sein. Muss ich etwa die ganze Seite noch mal schreiben?!« Ein solcher Stoßseufzer entfuhr seinerzeit nicht nur der Sekretärin Bette Nesmith, angestellt bei der Texas Bank in Dallas. Wir befinden uns im Jahr 1951: Die neu eingeführten elektrischen Schreibmaschinen von IBM hatten einen ungewohnt leichten Anschlag – eigentlich mit dem Ziel, dass die Damen hinter den Maschinen Kräfte sparten. Aber es passierte eben, dass eine Sekretärin beim Griff über die Maschine hinweg, beispielsweise nach der Kaffeetasse, eine Taste berührte, und schon erschien ein unwillkommener Buchstabe auf dem Papier. Die neuen Carbon-Farbbänder hatten es ebenfalls in sich. Konnten Schreibkräfte bei den alten mechanischen Modellen und den dafür üblichen Farbbändern einen Fehler mit einem harten Radiergummi oder einem Federmesser entfernen und überschreiben, so war das bei der Carbon-Schrift nicht mehr möglich. Die Beseitigung eines Buchstabens mit Gummi oder Messer führte zu einer entsetzlichen Schmiererei, die sich bei dem Versuch, sie einzudämmen, eher noch weiter über die Zeilen verbreitete. Da half wirklich nur eines: die Seite noch einmal zu schreiben.

Vorhergehende Doppelseite: Wache Augen und ein Gespür für das Geschäft. Abbildung einer Stenotypistin der 50er Jahre, die Bette Graham ähnelt

Heute harmlos, im Zeitalter der Schreibmaschine gefürchtet: der Tippfehler. 1932

Bette Nesmith, damals 27 Jahre alt, mochte sich mit so einer Verschwendung von Zeit und Kraft nicht abfinden. Sie hatte sich zur Chefsekretärin bei der Texas Bank hochgearbeitet, war geachtet wegen ihrer Tüchtigkeit und dachte jetzt darüber nach, wie sie sich und ihre Kolleginnen von der allgegenwärtigen Angst vor Tippfehlern erlösen könnte. Bette hatte eigentlich Künstlerin werden wollen, und so bot sie an, bei der Dekoration der Fenster ihrer Bank für

> »Ich goss etwas wasserlösliche Deckfarbe in eine Flasche und nahm meinen Wasserfarbenpinsel mit ins Büro. Und damit korrigierte ich meine Tippfehler.«

Feste an hohen Feiertagen mitzuarbeiten. »Mir fiel auf«, erzählte sie später, »dass kein einziger Dekorateur Fehler beim Beschriften durch Radieren korrigierte. Er überpinselte sie immer. Daher beschloss ich, zum selben Mittel zu greifen. Ich goss etwas wasserlösliche Deckfarbe in eine Flasche und nahm meinen Wasserfarbenpinsel mit ins Büro. Und damit korrigierte ich meine Tippfehler.«

Einige Zeit lang behalf sich Mrs. Nesmith auf diese Weise mit Farbe und Pinsel und ersparte so sich und dem Büro Zeit und Nerven. Was als Notbehelf gedacht war und was eigentlich auch keiner wissen sollte, kam dann aber doch heraus. Der Chef empörte sich: »Pinseln Sie mir ja nichts von dem weißen Zeug auf meine Briefe«. Die Kolleginnen hingegen waren hellauf begeistert. Sie baten Bette um die Farbmixtur nebst Pinsel und machten es hinfort genauso wie sie. Nachdem die Erfinderin ein paar Proben umsonst abgegeben hatte, die Nachfrage aber nicht abriss, begriff sie, dass sie genau das war: eine Erfinderin. Und sie beschloss, ihr Produkt mit Profit unter die Leute zu bringen.

Wer war Bette Nesmith? Sie stammte aus Dallas, war dort 1924 zur Welt gekommen – als Tochter eines Autohändlers namens McMurray. Ihre Mutter war Hausfrau und malte gern. Mit siebzehn verließ Bette die Schule; ihre erste Stellung als Sekretärin in einem Anwaltsbüro erschwindelte sie sich sozusagen, denn sie besaß keinerlei Kenntnisse. Aber ihre Persönlichkeit machte Eindruck, und so sorgte ihr Chef dafür, dass sie in Abendkursen wenigstens das Tippen lernte. Richtig perfekt wurde sie nie, weshalb sie auch stets den Fehlerteufel fürchtete. Mit neunzehn heiratete sie ihren Jugendfreund Warren Nesmith, ein Jahr später schenkte sie Sohn Michael das Leben. Damals war Warren in Europa an der Front, es war Krieg; bald nachdem er zurückgekehrt war, wurde beiden deutlich, dass sie sich auseinandergelebt hatten. 1946 erfolgte die Scheidung, und Bette musste nun für sich und Michael allein aufkommen. Sie arbeitete gern, war zielstrebig und wollte für sich und ihren Sohn ein schönes Heim schaffen. Das gelang ihr. Als sie ihre Küche für die Produktion des Korrekturlacks »Mistake out« = »Fehler weg« freiräumte und die Garage in eine Abfüllstation umfunktionierte, die von Michael betrieben wurde, wird das häusliche Glück auf dem Höhepunkt gewesen sein. Bette optimierte die Korrekturflüssigkeit, wobei gute Deckung und rasche Trocknung vorrangig waren. »Ich ging in die Bibliothek und fand die Formel für eine Art Temperafarbe. Ein Chemielehrer von Michaels Schule half mir ein bisschen. Dann lernte ich von einem Mann, der in einer Farbenfabrik arbeitete, wie man die Grundstoffe für Farben zerreibt und mischt.« Helles Papier weist, wenn man genau hinschaut, durchaus unterschiedliche Schattierungen auf, und Bette wollte für die wichtigsten Nuancen passende Farbtöne bieten. Daran arbeitete sie mit Geduld und wachsender Fachkenntnis. Und mit Erfolg. Schließlich war das kleine Unternehmen so bekannt, dass Michael einige Schulfreunde um Mithilfe beim Abfüllen der Korrekturflüssigkeit in kleine, mit Düsen bestückte Flaschen bitten musste.

Mrs. Nesmith bot ihre Erfindung IBM an, doch die Firma lehnte ab und brachte sich damit um ein Riesengeschäft. Das wiederholte sich später, als das Großunternehmen versäumte, ein ihm angebotenes Computerbetriebssystem zu erwerben, das dann den Grundstein für Bill Gates' sagenhaften Reichtum legte. Bette entschloss sich nach der Absage von IBM, selbst in größerem Umfang zu produzieren – vorläufig noch als Garagenunternehmerin im Wortsinne und mit Michael – der später als Popstar in der Band »The Monkees« berühmt werden sollte – als Assistent.

Jahrelang lief der kleine Betrieb nicht schlecht. 1957 verkaufte die Erfinderin monatlich circa hundert Fläschchen »Liquid Paper« (deutsch: »Tipp-Ex«), wie sie das Erzeugnis inzwischen nannte, Tendenz steigend. Ein Jahr später meldete sie für ihre Erfindung Patent und Markennamen an. Eine Anzeige in der Zeitschrift »The Office« führte zu ersten größeren Aufträgen. Als »General Electric« 300 Flaschen auf einmal orderte, was die durchschnittliche Monatsproduktion weit überstieg, rotierten Bette, Michael und seine Freunde rund um die Uhr.

»Ich ging in die Bibliothek und fand die Formel für eine Art Temperafarbe. Ein Chemielehrer von Michaels Schule half mir ein bisschen.«

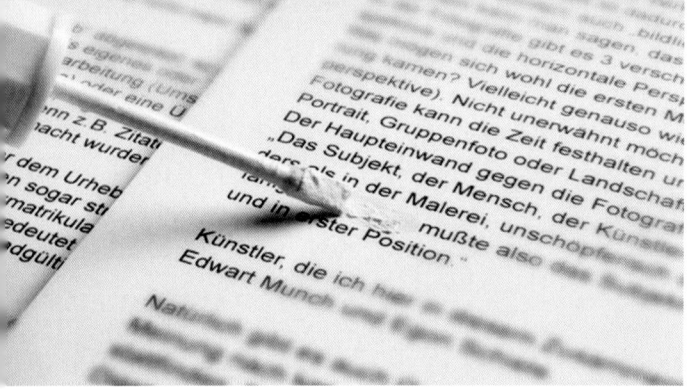

Bei Schaufensterdekorateuren hatte Graham es gesehen: Fehler werden einfach übermalt

Ihren Job bei der Bank hatte Bette vorsichtshalber beibehalten – bis sie eines Tages gefeuert wurde. Sie hatte einen Brief versehentlich mit »Liquid Paper Company« unterschrieben statt mit dem Namen ihres Chefs. Es war eben nicht leicht, das eigene Unternehmen zu vergessen, wenn man gleichzeitig als Angestellte tätig war. Bette machte das Beste aus ihrer Lage und kümmerte sich ab jetzt mit voller Kraft um »Liquid Paper«. Und sie heiratete noch einmal. Der Mann ihrer Wahl hieß Bob Graham, er stieg sogleich ins Unternehmen ein.

Das wuchs kontinuierlich, drängte aus der Garage heraus und erreichte Ende der 60er Jahre einen Umsatz von einer Million Dollar. 1975 zog die Unternehmerin in ihre eigene Niederlassung um, die Büros befanden sich im International Headquarters Building in Dallas. Damals wurden 500 Flaschen pro Minute produziert. Im Jahr danach verkaufte die Firma ihr Produkt 25 Millionen Mal und machte damit einen Gewinn von 1,5 Millionen Dollar. Auf dem Höhepunkt ihres Erfolges beschäftigte Bette Graham 200 Mitarbeiter und verkaufte ihre Korrekturflüssigkeit in 31 Länder.

Im Jahre 1979 übernahm die Gillette Corporation das Unternehmen – gegen die Zahlung von 47,5 Millionen Dollar plus Gewinnanteil für Bette Graham. Die gemachte Frau konnte sich zurücklehnen und sich über ihren Erfolg freuen. Gillette hingegen bekam Schwierigkeiten, als die Gesundheitswelle, die in den 80er Jahren über Amerika hinwegrollte, auch das Trichlorethylen erfasste, das »Liquid Paper« als Verdünner beigemischt war. Diese Chemikalie galt als nicht unbedenklich. So könnte der scharfe Dunst, den sie verströmte, die Atemwege irritieren. Bei Gillette entledigte man sich des Problems, indem man eine wasserlösliche Version entwickelte, die genauso einwandfrei funktionierte und sich ebenso gut verkaufte wie die vorherige.

Bette Graham musste diese Krise nicht mehr miterleben; sie verstarb im Jahre 1980, bald nach dem Verkauf von »Liquid Paper«. Ihr Vermögen vermachte sie zur einen Hälfte ihrem Sohn und zur anderen ihren beiden wohltätigen Stiftungen, deren Aufgabe die Förderung der bildenden Künste war. Sie hatte nach dem Wahlspruch gelebt: Geld ist ein gutes Instrument, um Probleme zu lösen – es ist niemals die Lösung selbst. Mit ihren Stiftungen wollte sie erreichen, dass insbesondere weibliche Kunstschaffende durch ausreichende Unterstützung sorgenfrei arbeiten könnten.

Nicht nur die mechanische Schreibmaschine, auch die hartnäckig Fehler vermeidende Konzentration führten zu Verspannunge. Berlin, 1935

Schrubbkraft Wasserdruck

Josephine Cochran
und der Geschirrspülautomat

»Das Schwierigste, was ich jemals getan habe, war: die große Lobby des Sherman House allein zu durchschreiten. Sie können sich nicht vorstellen, was das damals für eine Frau bedeutete. Ich bin ohne meinen Vater und später ohne meinen Mann nirgendwo hingegangen. Ich dachte, ich falle jeden Moment in Ohnmacht, tat ich aber nicht«, so Josephine Cochran im Chicago Record Herald am 24. November 1912 in einem ihrer letzten Interviews. Damals, das war 1888 und das Sherman House eines der besten Hotels in Chicago. Die Erfinderin der Geschirrspülmaschine war dabei, Aufträge zu beschaffen. Ihr Mut wurde belohnt, die Akquise war erfolgreich – Cochran erhielt eine Order über die ansehnliche Summe von 800 US-Dollar.

Eine Frau, die etwas erfindet, was die häusliche Arbeit erleichtert? Nur allzu verständlich, sollte man meinen. Doch Mrs. Cochran lebte bis zum Tod ihres Mannes im Wohlstand und beschäftigte Hausangestellte, die anfangs das leidige Geschirrspülen für sie erledigten. Allerdings waren diese Bediensteten auch nur Menschen und machten Fehler. Familie Cochran besaß wertvolles Porzellan aus dem 17. Jahrhundert, das seit Generationen weitergereicht wurde, und inzwischen waren viele Teile des Services beschädigt. Das Personal hatte Teller und Tassen aus Unachtsamkeit angestoßen oder zerkratzt. Die Dame des Hauses war verärgert und erledigte in Zukunft den Abwasch lieber eigenhändig. Dabei gab es weit und breit niemanden, der Geschirrspülen mehr verabscheute als sie, und eine Maschine, die das erledigen konnte, fehlte auch. Der Keim für eine der wichtigsten Erfindungen der Moderne, die Geschirrspülmaschine, war ins warme Spülwasser gelangt und begann zu sprießen.

Josephine Cochran, geborene Garis, die wie die allermeisten Frauen ihrer Zeit keinen Zugang zu natur- oder ingenieurwissenschaftlichen Kenntnissen hatte, tauschte sich über ihre Idee eines Geschirrspülautomaten mit männlichen Experten aus. Der familiäre Hintergrund half ihr bei der Verständigung: Vater John war Ingenieur und Urgroßvater John Fitch Erfinder gewesen – 1783 hatte er George Washington und Benjamin Franklin erfolgreich ein schraubengetriebenes Dampfschiff vorgeführt. John Garis sprach mit seiner Tochter häufig über seine Arbeit, Josephine konnte sich also auf technischem Terrain relativ sicher und selbstbewusst bewegen. Doch das Fachsimpeln mit Technikern brachte sie nicht weiter. Nie setzten die Experten das um, was ihr vorschwebte. Im Gegenteil, besserwisserisch und wohl auch ein wenig arrogant konstruierten sie einfach weiter nur das, was sie wollten. Somit blieb Mrs. Cochran nichts anderes übrig, als ihr Projekt in die eigenen Hände zu nehmen.

Josephine Garis kam am 8. März 1839 in Ashtabula County, Ohio, USA, auf die Welt. Ihr Vater überwachte damals viele Woll-, Säge- und Getreidemühlen entlang des Ohioflusses bis hoch nach Indiana. Später zog die Familie nach Valparaiso, wo Garis mehrere Entwässerungsprojekte in seiner Funktion als staatlicher Wasserbauingenieur überwachte. Diese Tätigkeit ihres Vaters hatte wohl Einfluss auf Josephines Beschäftigung mit dem Abwaschen. Auf jeden Fall kannten Vater und Tochter sich recht gut mit hydraulischen Systemen aus, über dieses Thema unterhielten sie sich oft und gern. Josephines allererstes Modell einer Spülmaschine erinnerte mit all den Transformationsriemen und Zahnrädern denn auch an eine Sägemühle en miniature.

Ihre Mutter starb früh, Josephine war noch ein Teenager. Als die Privatschule abbrannte, wurde das Mädchen zu einer Schwester nach Illinois geschickt, wo sie seitdem lebte. Hier lernte Josephine William Cochran kennen. Der ambitionierte Mann hatte in Kalifornien glücklos nach Gold gesucht, war mit einer Behinderung am Bein zurückgekehrt und stieg schließlich mit einem Onkel erfolgreich ins Textilgeschäft ein. Mit neunzehn Jahren heiratete Josephine 1858 den attraktiven 27-jährigen Geschäftsmann, führte mit ihm ein offenes Haus, empfing gern und oft Gäste und richtete Partys für die lokale Prominenz aus.

»Wenn niemand sonst einen Geschirrspüler erfinden will, mach' ich das eben selbst.«

Josephine war eine schöne, hochgewachsene und temperamentvolle Frau, etwas nervös und in ihrer Art viel direkter als ihr Mann. Das Paar engagierte sich bei den aufstrebenden Demokraten in Shelbyville. Als der Bürgerkrieg begann, wurde William wegen seines lahmen Beines ausgemustert und machte

stattdessen Karriere in der Partei. Um 1870 waren die Cochrans angesehene Bürger der Stadt und zogen in ein großes weißes Haus in bester Lage. William hätte Gouverneur von Illinois werden können, wenn er weniger dem Alkohol zugetan gewesen wäre. 1883 starb er und hinterließ seiner Frau tausend Dollar. Was sollte sie nun tun? Zu Verwandten ziehen oder eine einfache Arbeit suchen?

Man könnte meinen, dass dieser Schicksalsschlag sie entmutigt oder zumindest in ihrem Bemühen zurückgeworfen hätte. Doch ganz im Gegenteil: Unvermittelt auf sich allein gestellt, wollte Cochran nun unbedingt ihr Spülmaschinenprojekt zu einem glücklichen Ende bringen, und die neue Situation beflügelte ihren Erfindergeist. Wie schon bei Mary Andersons Erfindung des Scheibenwischers gab es auch zur Geschirrspülmaschine Cochrans einige Vorläufermodelle, doch keines funktionierte befriedigend oder war in irgendeiner Weise kommerziell erfolgreich. »Wenn niemand sonst einen Geschirrspüler erfinden will, mach' ich das eben selbst.«

In einem Schuppen hinterm Haus – er ist heute ein Denkmal, in dem alljährlich an die große Erfinderin erinnert wird – ging Cochran an die Arbeit. Sie maß Geschirr aus, flocht aus starkem Draht eine Korbvorrichtung mit Halterungen für Teller, Tassen, Untertassen und montierte sie auf ein Rad, das, flach eingelassen, in einem Kupferkessel verankert war. Das Rad wurde von einem Motor angetrieben, Seifenwasser spritzte von unten druckvoll durch Wasserdüsen auf das Reinigungsgut und rann an ihm herunter.

Bei der Organisation von Reinigungsabläufen spielen vier Faktoren eine wesentliche Rolle: Chemie, Zeit, Temperatur und Mechanik, wobei jede Einflussgröße durch eine andere kompensiert werden kann. Sanftere Chemikalien erzielen beispielsweise bei längerer Einwirkzeit ein ähnliches Ergebnis wie aggressivere in kürzerer Zeit. Bestehende Lösungen, wie eine 1850 entwickelte Maschine aus Holz, die per Handkurbel betrieben wurde, basierten auf mechanischer Reinigung mittels Bürsten. Cochrans Idee war jedoch der Einsatz von Wasserdruck, er ersetzte die Schrubbkraft früherer Systeme. George Butters, ein versierter Mechaniker der Illinois Central Railroad, setzte ihre Konstruktionsideen eins zu eins in die Praxis um. Er hat Josephine auf ihrem Weg in die Selbständigkeit ein Leben lang begleitet.

Am 28. Dezember 1886 meldete Cochran den Geschirrspülautomaten zum Patent an. Die ersten Geräte baute sie für Freunde, die die Maschine bald begeistert weiterempfahlen. Nach diesem Erfolg versprechenden Start war Cochran zuversichtlich, auch auf einem weniger wohlwollenden Markt bestehen zu können. Sie annoncierte in lokalen Tageszeitungen und gründete für die Serienfertigung die »Cochran's Crescent Washing Machine Co«. Schon bald interessierten sich auch Großküchen für das Gerät. 1893 konnte Cochran ihre Erfindung auf der Weltausstellung in Chicago zeigen. Sie erhielt eine Auszeichung für die Konstruktion und Haltbarkeit ihres Geschirrspülers.

Auf dem Investitionsgütermarkt, also bei Hotels und Restaurants, verkaufte sich der Apparat recht gut, der Absatz bei den privaten Endverbrauchern allerdings lief schleppend. Noch war das Gerät ja recht teuer. Für die gleichen Kosten konnte man vier Spülerinnen ein Jahr lang entlohnen. Und nicht wenige Kunden gaben an, dass sie eigentlich ganz gern abwaschen würden, da man dabei so gut tagträumen könne. Andere potentielle Kunden bemängelten die Seifenreste auf dem Geschirr sowie den exorbitanten Heißwasserverbrauch, damals ein nicht unerhebliches Problem, da dieses Wasser erst umständlich separat erhitzt werden musste. So dauerte es einige Jahrzehnte, bis der Geschirrspülautomat seinen Siegeszug auch in den privaten Haushalten antrat. Erst nach dem Zweiten Weltkrieg wurde er auch für diese erschwinglich und ist heute aus kaum einer Küche in der westlichen Welt mehr wegzudenken.

Für Cochran hieß das: Sie konnte von den Erträgen ihrer Firma ganz gut leben, musste aber ständig herumreisen, um Kundenkontakte zu pflegen – das lag ihr gar nicht. Sie war mehr Erfinderin als Unternehmerin, das Business rieb sie auf. Ein großes Geschäft wurde der Geschirrspüler erst Jahrzehnte später.

Josephine Cochran starb mit 74 Jahren. »Wenn ich gewusst hätte«, sagt sie kurz vor ihrem Tod, »was ich heute weiß, hätte ich nie den Mut gehabt, anzufangen.« Hausfrauen in aller Welt sind der Erfinderin für ihr Wissen und ihr Nichtwissen dankbar.

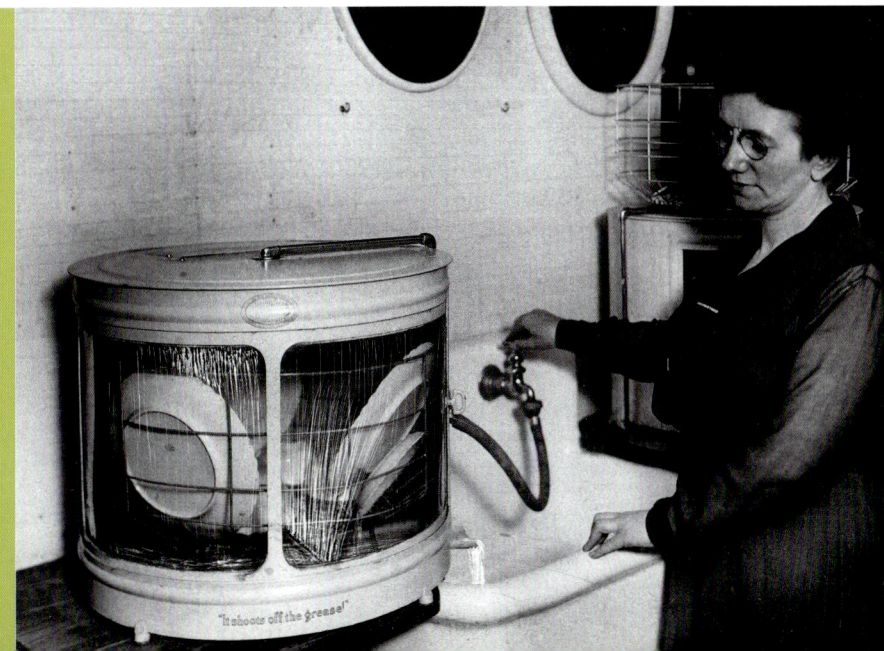

»Wenn ich gewusst hätte«, sagt sie kurz vor ihrem Tod, »was ich heute weiß, hätte ich nie den Mut gehabt, anzufangen.«

Miss Polly
Käthe Paulus
und der Paketfallschirm

Das erste Gefährt, mit dem sich die Menschheit nach dem Versuch des antiken Himmelsstürmers Ikarus in die Lüfte erhoben hat, war der Ballon. Die erste bemannte Ballonfahrt fand 1783 in Paris statt: Die Brüder Joseph und Jacques Montgolfier stiegen mit dem Heißluftballon auf. Kurz darauf gelang, ebenfalls in Paris, einem gewissen Professor Charles der Aufstieg in einem Wasserstoffballon. Dieser Typus wurde zum Klassiker der Freiluftballone. Hundert Jahre lang, bis zum Erscheinen des Zeppelins und später dann der Motorflugzeuge, blieb der Ballon die einzige Möglichkeit für aufstiegsbewusste Menschen, sich in die Lüfte zu erheben.

Vorhergehende Doppelseite:
Käthe Paulus im Heißluft-
ballon, 1900

Als 1868 in Zellhausen bei Offenbach Käthchen Paulus zur Welt kam, gab es zum Ballon noch keine Alternative. Aber es gab den Ballon! Die kleine Katharina hatte schon als Kind einen Hang zum Höheren: Sie kletterte leidenschaftlich gern auf Bäume und übte geduldig das Balancieren auf der straff gezurrten Wäscheleine. Diese artistischen Übungen führte sie gern vor Publikum vor. Doch als der Vater, ein Schmied, gestorben war, musste Käthe etwas lernen, womit sie sich und die Mutter ernähren konnte. Sie entschied sich für das Schneiderhandwerk. Ihre Träume aber blieben hochfliegend.

21 Jahre war Fräulein Paulus alt, als sie die Bekanntschaft von Hermann Lattemann machte – einem berühmten Sportler, der das ausführte, was sich Käthe insgeheim für sich selber wünschte: Er war Berufsluftschiffer und Fallschirmspringer. Es gab kaum jemand, der ihn nicht bewunderte. Die Frauen insbesondere waren tief von ihm beeindruckt und stellten ihm nach, diesem gut aussehenden Helden der Lüfte. Wer ihn aber ganz für sich gewann, das war Käthe Paulus. Diese junge Frau bot mehr als Bewunderung: Sie teilte Hermanns Ehrgeiz, entwickelte mit ihm neue Ideen und war genauso angstfrei wie er. Außerdem war sie professionell geschickt beim Flicken der Ballone – eine Arbeit, die nach jedem Aufstieg mit äußerster Sorgfalt geleistet werden musste.

Kinder auf dem Jahrmarkt
spielen Fesselballonfliegen.
Frankreich, 1900

Käthe ließ sich von ihrem Freund erklären, wie man mit dem Ballon aufsteigt und fährt (ein Profi sagt niemals: fliegt) und mit dem Fallschirm abspringt. Sie wollte es sofort selbst versuchen, aber da sie inzwischen schwanger war, riet Hermann zur Geduld. Am 19. Juli 1893 war es dann so weit. Käthe Paulus, jetzt Mutter eines kleinen Jungen, stieg erstmals mit dem Ballon auf und brachte sich selbst und einen Passagier unbeschädigt zur Erde zurück. Noch im selben Jahr vollführte sie ihren ersten Sprung aus 1500 Metern Höhe, und zwar gleich vor Publikum im Rahmen eines Volksfestes. Sie war die erste Frau in Deutschland und die dritte auf der Welt, der dieses Wagestück gelang.

Sie war die erste Frau in Deutschland und die dritte auf der Welt, der dieses Wagestück gelang.

Der Wunsch, die Lüfte zu erobern, beschäftigte auch schon Elise Garnerin. Die Französin wagte als erste Frau 1799 den Fallschirmsprung aus einem Ballon. Lithografie von Adriaen Moreau, 19. Jahrhundert

Das Ballonfahren gehörte damals weniger in den Bereich des Verkehrs als in den der Schaustellerei. Zwar erwog die Post, Kleinballone zur Beförderung zu verwenden, und auch das Militär dachte über Aufklärungsflüge per Freiballon nach, doch im Wesentlichen benutzte man dieses schwer zu navigierende Verkehrsmittel für die Show. Paulus und Lattemann ersannen ein abwechslungsreiches Programm für waghalsige Fahrten und Sprünge, konstruierten ein Lufttretrad, das den Korb ersetzte, sowie ein Schlepptrapez für besondere Kunststücke unterm Himmel und gingen damit auf Tournee. In manchen Städten erhielten sie allerdings Auftrittsverbot – aus Gründen der Schicklichkeit. Ein Mann und eine Frau ohne Trauschein allein dort oben in luftiger Höhe – war das mit den guten Sitten vereinbar? Das große Publikum aber liebte die Luftartistik und verehrte das tollkühne Paar.

Ein Bravourstück der Extraklasse hatten die beiden für das Jahr 1894 vorgesehen. Lattemann wollte nach dem Absprung seiner Partnerin den sinkenden Ballon in einen Fallschirm verwandeln. Dafür hatte er einen Metallreifen mitten um den Ballon geschlungen, dessen Aufgabe es war, die untere Hälfte der erschlaffenden Hülle nach innen zu führen, dicht an die obere anzulagern und so einen Schirm zu erzeugen, dessen untere Begrenzung der Reifen selbst mit dem daranhängenden Korb bilden sollte.

Das Experiment misslang. Zwar stieg »Fin de siècle«, wie der Ballon genannt wurde, nach Plan auf, und auch Käthes Absprung verlief glatt, aber der Mechanismus, mittels dessen der Ballon die Schirmgestalt erlangen sollte, versagte. »Ich hing an meinem Schirm, ohne helfen zu können«, berichtete Käthe, »während er in rasender Fahrt, die Hülle wie ein umgekehrter Regenschirm nachflatternd, in die Tiefe stürzte. Alles war dumpf. Als ich landete, hatten sie ihn schon tot in einer Straße von Krefeld gefunden. Es war sehr schwer.«

Ein Jahr nach der Katastrophe starb Käthes und Hermanns Sohn Willy an Diphtherie. Der Kleine war nur vier Jahre alt geworden. Käthe Paulus fiel in eine tiefe Depression. Es waren die Briefe ihrer treuen Fans, die ihr Trost spendeten und sie zum Durchhalten ermutigten. Die Akrobatin beschloss, auf eigene Faust weiterzumachen. Immerhin kannte sie sich aus, nicht nur was die sportlichen, auch was die technischen Aspekte der Ballonfahrt betraf. Sie investierte in vier neue Ballone und ein Aufsehen erregendes Programm und startete als erste professionelle Aeronautin eine Tournee durch europäische Großstädte. In London, Paris, Berlin, Budapest und Wien wurde »Miss Polly«, wie sie sich jetzt nannte, begeistert gefeiert. Ihre spektakulärste Nummer war der so genannte Doppelabsturz. Sie sprang aus der Gondel, ließ sich eine Weile vom geöffneten Fallschirm tragen, löste sich aber dann vom Schirm und setzte ihr Publikum durch freien Fall unter Schock – bis sie einen zweiten Fallschirm zur Entfaltung brachte und mit ihm zu Boden schwebte. In ihrer gefahrvollen Karriere mit über 500 Aufstiegen hatte Miss Polly außer einem Beinbruch keinen Unfall.

Ihre spektakulärste Nummer war der so genannte Doppelabsturz. Sie sprang aus der Gondel, ließ sich eine Weile vom geöffneten Fallschirm tragen, löste sich dann vom Schirm und setzte ihr Publikum durch freien Fall unter Schock.

Das Motiv des Fesselballons war sehr beliebt. Diese Karte hat Paulus autografiert. Fotomontage, 1905

Öffentliche Demonstration eines Fallschirms in Berlin. Das Publikum verfolgt den Absprung und die verschiedenen Stadien des Falls. Holzstich nach einer Zeichnung von Thiel, April 1889

Über all ihren Erfolgen vergaß Käthe jedoch niemals das Schicksal ihres Verlobten Hermann Lattemann. Immer wieder dachte sie darüber nach, wie Absprünge sicherer gemacht werden könnten. Inzwischen gab es außer den Zeppelinen schon den Motorflug. Paulus interessierte sich zunächst dafür und nahm Flugstunden. Aber dann verzichtete sie doch auf den Erwerb einer Lizenz. Ihr Fluglehrer war bei einem Absturz ums Leben gekommen, und sie selbst, die Stille des Ballongleitens gewohnt, geriet durch das Motorengeräusch unter Stress. Eines wusste Paulus: Der Absprung mit dem Fallschirm war für alle Aeronauten, egal, aus welchem Gefährt sie sich in die Lüfte warfen, gleich gefährlich oder gleich sicher. Hier konnte, hier musste man etwas verbessern. Und sie tat es gleich selbst. Der bis dahin offen getragene Fallschirm, der immer in Gefahr war, vom Wind zerwirbelt zu werden, und viel Platz wegnahm, wurde von ihr kunstgerecht zusammengefaltet und in eine Hülle verpackt, die durch einen Spezialmechanismus zu öffnen war. Der Paketfallschirm – heute Standard – war erfunden. Paulus, die gelernte Schneiderin, nähte die ersten Muster in ihrer Wohnung selbst. 1921 erhielt sie für ihre Erfindung ein Schweizer Patent.

Im Jahr vor dem Ersten Weltkrieg tat Paulus, die auf die fünfzig zuging, ihren letzten Sprung. Als der Krieg begann, überließ sie ihre Ballone der Heeresleitung. Sie fragte an, ob Interesse an dem von ihr entwickelten Paketfallschirm bestünde, sie könne ihn selbst fertigen und liefern. Zunächst war man skeptisch bei der Armee. Aber dann – 1916 – erteilte das preußische Kriegsministerium Paulus einen Auftrag. Mit dreißig Schneiderinnen produzierte die Unternehmerin in Berlin-Reinickendorf 7000 Fallschirme mit dem Gütesiegel K.P. Zwanzig Ballonaufklärer, die über Frankreich abgeschossen worden waren, sollen mittels ihrer Fallschirme mit dem Leben davongekommen sein. Paulus erhielt 1917 das »Verdienstkreuz für Kriegshilfe«.

Für die mutige und erfindungsreiche Katharina Paulus war das Fallschirmspringen Sport und Show, sie wollte die Menschen mit ihrer Artistik verblüffen und begeistern. Dann musste sie erleben, dass »ihr« Ballon nicht nur zivilen Zwecken dienen konnte, und sie tat, was ihr möglich war, um Leben zu retten. Vielleicht war es ein Segen für sie, dass ihr die Zeitzeugenschaft des Zweiten Weltkrieges erspart blieb. Käthe Paulus starb 1935 in Berlin.

Auf eigenen Beinen stehen
Margarete Steiff
und der Knopf im Ohr

»Vorlaut und eigensinnig bist du und denkst nur an dich«, sagt Mutter Steiff. »Margarete, du gehst in die Schule. Und dass du mit beiden Beinen auf dem Boden bleibst«, sagt der Vater. »Dringend was lernen muss ich, damit ich hinterher nicht dumm dasteh«, sagt die kleine Margarete in dem gleichnamigen Film von Xaver Schwarzenberger. Das Dumm-Dastehn war gar nicht möglich, denn das Mädchen hatte Kinderlähmung und konnte sich gar nicht ohne fremde Hilfe auf den Beinen halten. In der gottesfürchtigen schwäbischen Provinz sahen nicht wenige diese Erkrankung als eine Strafe des Herrn. Im Handkarren musste das Kind zur Schule gebracht und ins Klassenzimmer getragen werden.

Am 24. Juli 1847 wurde Apollonia Margarete Steiff im württembergischen Giengen an der Brenz als drittes von vier Kindern geboren. Den Schulbesuch musste sie sich erkämpfen, denn der kostete, und den Notgroschen wollte die Mutter eigentlich für andere Zwecke aufsparen. Entsetzt sah der Lehrer, dass das Mädchen mit der linken Hand schrieb, und wollte es ihr verbieten. Als er entdeckte, dass ihre rechte Hand steif war, ließ er sie gewähren. Margarete war eine lernbegierige Schülerin, und sie machte größere Fortschritte als die anderen, da sie ihre Zeit nicht mit Rumtoben verbringen konnte. Stattdessen lernte sie.

Im fernen Ludwigsburg wurde eine neuartige Behandlung für Gelähmte angeboten. Die Steiffs hofften, dass der Rat der Gemeinde für die sehr teure Therapie Gelder zur Verfügung stellen würde. Doch die Widerstände waren groß, und erst nach langem Hin und Her gab der Rat sein Plazet.

Firmengründerin Margarete Steiff mit einem ihrer berühmten Teddybären. Diese Abbildung von Margarete Steiff im Rollstuhl ist eine Besonderheit, da sie sich nur sehr selten mit einem ihrer Teddybären ablichten ließ

»Es macht keinen Sinn, immerzu seinen Beinen nachzujammern, wenn einem das Leben davonläuft.«

Voller Zuversicht traten Mutter Maria und die achtjährige Margarete im Frühjahr 1856 die beschwerliche Reise in die große Stadt an. Die Behandlung war schmerzhaft, blieb allerdings erfolglos. Dass sie niemals werde gehen können, wusste Margarete nun. Weil sie die Deutungshoheit über ihr Leben nie aus der Hand gegeben hatte, erklärte sie sich von nun an für austherapiert, mithin für gesund. »Es macht keinen Sinn, immerzu seinen Beinen nachzujammern, wenn einem das Leben davonläuft.«

Mit dem ihr eigenen Möglichkeitssinn erwog Margarete eine Schneiderlehre. Gegen den Willen der Mutter setzte sie den Besuch einer Nähschule durch, die sie im Alter von siebzehn Jahren erfolgreich abschloss. Auch drei ihrer Schwestern besuchten diese Schule. Zusammen nähten sie nun in der elterlichen Stube Kleider und Nadelkissen für den örtlichen Markt.

Die älteren Schwestern Pauline und Marie eröffneten im Jahre 1862 eine Schneiderei. Margarete half dort tatkräftig mit und führte nach acht Jahren den Betrieb allein weiter.

Von ihrem ersten selbstverdienten Geld kaufte sie sich eine Nähmaschine, damals eine gewagte Investition. Wegen der Behinderung im rechten Arm konnte sie das Schwungrad auf der rechten Seite der Maschine jedoch kaum bewegen. Wenn sie allerdings die Maschine umdrehte, also verkehrt herum nähte, ging es. Auf diese Weise bearbeitete sie den Stoff ihr Leben lang »linkisch« von der Rückseite her. Sie erstrebte Perfektion, motivierte die anderen weiterzumachen, als es mal nicht so gut lief, und dachte sich oft etwas Neues aus.

Der Elefant war als Nadelkissen gedacht – bis Kinder ihn für sich entdeckten. 1892

Noch immer war die Schneiderei im elterlichen Haus in der Ledergasse beheimatet, doch inzwischen reichte der Platz nicht mehr aus. Daher erweiterte Vater Friedrich – er war Bauwerksmeister – das Gebäude um ein Arbeitszimmer. Ein anderer Verwandter, der Mann ihrer Kusine, riet zur Einrichtung eines Ladens. In ihrem 30. Lebensjahr eröffnete Margarete ein so genanntes Filzkonfektionsgeschäft, in dem sie Kleider und praktische Haushaltsartikel anbot. Verwandtschaftlich »verfilzt« war sie mit dem örtlichen Hersteller des Ausgangsmaterials durch ihre Tante Apollonia, die Stiefmutter des Gründers der Vereinigten Filzfabriken.

Ein erstes, aufwendig produziertes Kleid ließ sie von ihrer hübschen Schwester auf einer Festlichkeit vorführen. Die Nachfrage war groß. Mit der beginnenden Industrialisierung kamen Kleider von der Stange immer mehr in Mode. Schon bald konnte sie die erste Näherin einstellen. Ein tolles Gefühl für das vermeintliche Sorgenkind. Der kleine Betrieb wuchs stetig. Zwei Jahre später entdeckte Margarete in der Zeitschrift »Modewelt« das Schnittmuster für einen Elefanten, und es entstand die Idee, ein sorgfältig verarbeitetes Nadelkissen in Elefantenform herzustellen, ausgestopft mit Holzwolle. Der Verkauf auf dem Heidenheimer Markt lief nicht besonders gut. Die Kinder allerdings waren von dem »Elefäntle« begeistert. Es dauerte nicht lange, und fast alle »Kurzen« im Ort wollten so ein Stofftier haben. Sechs Jahre später waren mehr als 5000 Elefanten

Steiff expandierte so schnell, dass auch diese Lagerhallen bald zu eng wurden

1892 erschien der erste illustrierte Katalog des Hauses mit dem Motto Margaretes, das bis heute gilt: »Für Kinder ist nur das Beste gut genug.«

In der Zeitschrift »Modewelt« aus dem Jahr 1879 fand Margarete Steiff das Schnittmuster für ein Nadelkissen aus Filz in Form eines Elefanten. Nach diesem Muster fertigte sie das »Elefäntle«, das erste Steiff-Kuscheltier für Kinder

abgesetzt, dabei half das 1883 etablierte »Filz-Versandt-Geschäft« kräftig mit. Margarete Steiff begriff, was hier passierte: Ein Tier, in der Natur groß, wild und Angst einflößend, löste, auf Puppenformat verkleinert und in eine flauschige Haut aus Filz gehüllt, in Kinderhand großes Entzücken aus. Und was ein Elefant vermochte, so erwog Margarete mit ihrem Möglichkeitssinn, musste die ganze Fauna können. Unaufhörlich dachte sie sich neue Kreationen aus – Affen, Giraffen, Kamele, Hasen, Esel, Pferde, Schweine, Hunde, Katzen und Mäuse erhielten ihre Steiff-Gestalt.

Bald platzte das Unternehmen aus allen Nähten. Fritz, dessen Söhne in die Firma eintraten, baute seiner Schwester ein behindertengerechtes Wohn- und Geschäftshaus, der Laden wurde umfirmiert: »Filz-Spielwaren-Fabrik« (heute liegt das Haus an der Margarete-Steiff-Straße). 1892 erschien der erste illustrierte Katalog des Hauses mit dem Motto Margaretes, das bis heute gilt: »Für Kinder ist nur das Beste gut genug.«

Leider ging die Erfolgsgeschichte nicht kontinuierlich weiter. Nachahmer traten auf den Plan, der Umsatz stockte, Erweiterungsinvestitionen amortisierten sich nicht, kurz: Nach der Jahrhundertwende stand Steiff vor dem Aus. Örtliche Banken, die bislang gut an Margarete Steiff verdient hatten, verweigerten eine Stundung. Margarete aber verfügte noch über einen Aktivposten: ihr gutes Verhältnis zur Belegschaft. Die Näherinnen verzichteten vorerst auf die Auszahlung ihres Lohns und sicherten so die Fortführung des Geschäfts.

Und jetzt hatte Richard, Margaretes Lieblingsneffe, eine Idee: Was in der Steiff-Menagerie fehlte, meinte er, sei ein Bär. Auf der Leipziger Messe 1903 – sie war erst wenige Jahre zuvor von einer Warenmesse zur weltweit ersten Muster-Messe mutiert – stellte die Firma Steiff ihren Bären 55PB mit beweglichen Armen und Beinen vor. Doch wie zuvor das Elefanten-Nadelkissen wurde jetzt der Bär fast völlig ignoriert. Kurz vor Ende der Messe meldete sich dann doch noch ein Interessent: der Einkäufer des Warenhauses Borgfeldt & Co aus New York. Der nahm den Musterbären in die Hand und taufte ihn Teddy. Für die Vereinigten Staaten sah er eine enorme Nachfrage voraus. Präsident Theodore Roosevelt, ein begeisterter Bärenjäger, wurde »Teddy« genannt. Nachdem er sich kürzlich geweigert hatte, auf einen kleinen, angebundenen Bären zu schießen, griff ein Karikaturist das Ereignis auf und zeichnete auf jedes Blatt seiner Serie einen kleinen »Teddy«-Bären. So sprang der Spitzname auf das Tierchen über, der Teddy wurde zum Maskottchen der Nation. Margarete hatte wegen der klammen Lage nur hundert Bären fertigen lassen. Die nahm der Amerikaner mit in die Staaten und bestellte zusätzliche 3000 Stück, zu einem stattlichen Preis – die Firma war gerettet! Ein phänomenaler Aufstieg begann. Bereits ein Jahr später verkaufte Steiff während der Weltausstellung in St. Louis, USA, 12 000 Teddys. Erneut wuchs das Unternehmen. Neffe Richard errichtete noch im selben Jahr ein Fabrikgebäude, das gemeinhin nur »Jungfrauenaquarium« genannt wurde: Es bot den Näherinnen lichtdurchströmte Arbeitsplätze. In die Halle wurde eine Rampe integriert, damit die Hausherrin per Rollstuhl auch die Produktion in der oberen Etage einsehen konnte.

Um den Plagiatoren entgegenzutreten, wurde 1904 der Knopf im Ohr als Erkennungszeichen eingeführt. Drei Jahre später beschäftigte Steiff 400 feste Mitarbeiter und 1800 Heimarbeiter, die 1,7 Millionen Spielwaren herstellten, knapp eine Million waren Teddybären. Diesen grandiosen Erfolg konnte Margarete, die bis an ihr Ende im Unternehmen mitwirkte, noch auskosten. »Ich bin alle Tage im Geschäft, daheim ist es mir zu langweilig, und man wird ja auch sehr verwöhnt in den hellen Geschäftsräumen. Die milde Frühlingsluft tut mir gut«, schrieb sie in ihr Tagebuch. 1909 starb sie in ihrem Heimatort an einer Lungenentzündung.

> »Ich bin alle Tage im Geschäft, daheim ist es mir zu langweilig.«

Im Steiff-Archiv am Firmensitz in Giengen an der Brenz wird jeder Steiff-Artikel dokumentiert und verwahrt, der von Steiff gefertigt wurde

Die gute Fee der Küche

Emmi Creola-Maag
und Betty Bossi

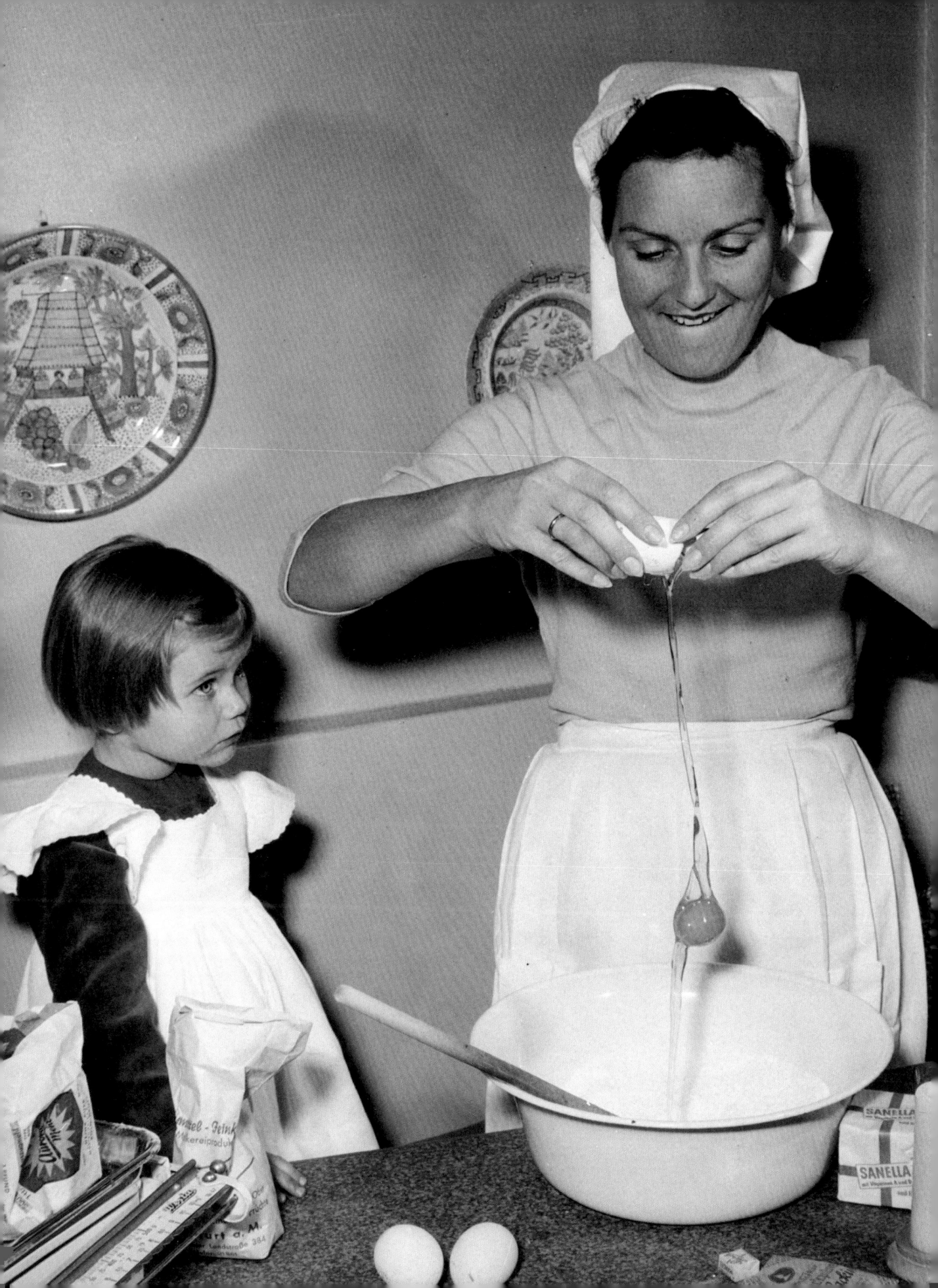

Fragt man in der Schweiz nach einer berühmten Erfinderin dieses Landes, fällt den meisten spontan die legendäre Haushaltsberaterin Betty Bossi ein. Außerhalb der Eidgenossenschaft kennt sie kaum jemand, doch Generationen von Schweizerinnen und Schweizern sind mit ihr aufgewachsen. Erfinderin der fiktiven Figur Betty Bossi ist die Züricher Werbefachfrau Emmi Creola, geboren als Emmi Maag im Jahre 1912. Ihr Geschöpf Betty Bossi wurde zur »Köchin der Nation« und eroberte das Fernsehen, als hierzulande noch keiner an Kochshows dachte. Neben den Betty-Bossi-Kochbüchern gibt es das Betty-Bossi-Backbuch, BB-Kochkurse, eine BB-Zeitung, eine BB-Post, ein Online-Portal, einen BB-Verlag und allerlei Produkte unter diesem Namen. Nicht wenige sagen, die nationale Küche Helvetiens wäre ohne Betty Bossi eine andere. Doch der Reihe nach.

Vorhergehende Doppelseite: Verrichtungen wie Kochen und Backen wurden lange dem weiblichen Geschlecht zugerechnet – früh übte sich, wer Meisterin werden wollte

Angefangen hatte alles mit Inseraten in Tageszeitungen und Zeitschriften: »Sie wissen nicht, was Sie kochen sollen? Ist eine Grünfärbung bei Kartoffeln schädlich? Wie mache ich ein richtig gutes Stocki (Kartoffelpüree)? Fragen Sie Betty Bossi!« Dies war ein erster Testballon zur Einführung der Kunstfigur Betty Bossi. Man wollte erst einmal schauen, wie die Leserinnen auf diese Aufforderung reagierten, ob sie die Person Bossi akzeptierten und in welche Richtung die Fragen gingen. Frau Creola beantwortete sie nach bestem Gewissen, schließlich war die Mutter von drei Kindern selbst Hausfrau. »Welche Themen die Hausfrauen interessierten, wusste ich aus eigener Erfahrung.« Wie groß die Unwissenheit der Bevölkerung war, zeigte sich an mancher Zuschrift. »Oft wurde ich gefragt, warum Fleischplätzli zäh werden.« Richtige Antwort: »Nur kurz anbraten und die Plätzli nicht zu dünn schneiden, damit sie genügend Saft behalten.« Und, so sagte Bossi: »Ich schrieb einfache Rezepte für die große Masse, denn die Leute, die mit Fett kochten, gehörten zur breiten Mittelschicht.«

> **»Sie wissen nicht, was Sie kochen sollen? Ist eine Grünfärbung bei Kartoffeln schädlich? Wie mache ich ein richtig gutes Stocki (Kartoffelpüree)? Fragen Sie Betty Bossi!«**

Zu Beginn der 1950er Jahre arbeitete Emmi Creola als Texterin in der Werbeabteilung des Mischkonzerns Unilever, der Lintas. Sie trug Mitverantwortung für die Vermarktung einer Produktlinie, die aus verschiedenen Speisefettprodukten des Tochterunternehmens Astra bestand. Trotz der Wirtschaftswunderjahre in der Nachkriegszeit achteten die Menschen bereits wieder auf ihre Figur. »Fett zu verkaufen, war schwierig«, bemerkte Creola, und sie musste neue Ideen entwickeln, um die Ware an die Frau zu bringen. Ihr Einfall war die Etablierung einer Art Ratgeber-

blatt für den Haushalt. Dabei orientierte sie sich an berühmten angelsächsischen Vorbildern wie den Magazinen »Good Housekeeping«, »Home Economist« oder »Lady's Home Journal«. In ihrem Blatt sollten Fette der Marke Astra als Zutaten empfohlen sowie deren Einsatzmöglichkeiten aufgezeigt werden. Für die damalige Zeit eine ziemlich ausgefallene Idee. Creola wollte eine Institution schaffen, an die Hilfesuchende sich wenden konnten, eine Art »Dr. Sommer« (wie die Sexualberatungsrubrik einer großen deutschen Jugendzeitschrift heißt) für Küchenfragen. Praktische Ratschläge sollten den Frauen die tägliche Arbeit erleichtern. »Mein Ziel war es, die gesamte Werbung auf eine Person zu konzentrieren.« Ein Vorbild für diese Person gab es bereits in den USA: Betty Crocker. Seit 1924 war sie die gute Fee in den Küchen Nordamerikas.

Die fiktive Persönlichkeit benötigte einen Namen, der in dem kleinen multilingualen Land gut auszusprechen war – er musste rund »tönen«, wie es auf gut Schweizerisch heißt. Den Nachnamen suchte Creola der Einfachheit halber im engeren Bekanntenkreis; Bossi »tönte« gut. Und auch bei der Suche nach dem Rufnamen Betty wählte sie eine pragmatische Lösung. Creola: »Ich suchte in Telefonbüchern nach möglichen Namen. Betty ist einfach ein schöner, runder Kochname.« Also alles ganz einfach, praktisch, schnell, ohne Markterhebungen, Brainstormings und Teamsitzungen.

Die Unternehmensführung erkannte nicht auf Anhieb, dass Emmi Creola etwas Bahnbrechendes vorhatte, und war skeptisch. Doch nachdem die Anfangsbedenken verflogen waren, setzte Frau Creola ihre Idee schließlich in die Tat um. Das Informationsblättchen sollte den Namen der klugen Hausfrau tragen und hieß daher »Betty Bossi Post«. Die ersten Ausgaben der kostenlosen Konsumenteninformation erschienen 1956 im sechswöchigen Rhythmus. Sie bestanden aus einer einzigen großformatigen, doppelt bedruckten Seite, die bei den Einzelhändlern auslag und von diesen auch gerne mal zum Einpacken von Fisch und Gemüse genutzt wurde. Das war aber nicht der Sinn der Sache.

Trotz der vielen nützlichen Rezepte und Ratschläge, Tipps und Tricks rund um den Haushalt blieb die Post ein Ladenhüter. Es dauerte eine Weile, bis sich herumsprach, wie hilfreich das Blättchen war. Es gab eine Art Kummerkasten für Fragen von Hausfrauen, etwa zur Etatplanung. Oder dazu, welchen Nutzen die neuen elektrischen Helfer, die Haushaltsgeräte, tatsächlich hatten. Betty Bossi verstand sich als Beraterin des Unternehmens Haushalt, mit der Hausfrau als Generalmanagerin. Bald stellte sich der Erfolg ein. Die Postille wurde von der Kundschaft akzeptiert, ihr Umfang nahm zu. Zehn Jahre später war für das Jahresabonnement der »Hausfraulichen Rundschau« eine Gebühr von zwei Franken zu entrichten, einem Großteil der Schweizer Haushalte war es das wert. Den Abonnenten wurden besondere Angebote gemacht, die sich niemand entgehen lassen wollte, etwa der Erwerb von praktischen Küchengeräten wie dem patenten Täschler (zum Backen von Teigtaschen), dem Chüechli-Blech, den Guetzlidosen oder den Ausstechförmli.

Das Reich der Frau in den 50er Jahren: die moderne Küche. 1958

Frau Creola arbeitete noch bei der Lintas, wechselte dann aber wegen des großen Erfolgs ganz zur Astra. Inzwischen war sie im Unternehmen bekannt wie ein bunter Hund. Spaßeshalber redete man sie auch mal mit »Frau Bossi« an, und tatsächlich verschmolz Frau Creola im Laufe der Zeit mit ihrer Figur und übernahm auch deren Sicht- und Denkweise. Oder war es umgekehrt? Auch das bekannte Autogramm der Betty Bossi stammt aus ihrer Feder. Obwohl sie nun von anderen Mitarbeitern unterstützt wurde – für sie arbeiteten eine ausgebildete Hauswirtschaftslehrerin und ein Koch –, war ihr Leben anstrengend. Sie teilte das Schicksal vieler berufstätiger Frauen, die den Spagat zwischen Haushalt und Beruf bewältigen mussten. »Oft schrieb ich den Leitartikel noch am Sonntagabend.« Die Anstrengungen sicherten den Erfolg. Die Aktivitäten rund um die Marke Bossi hatten ein Ausmaß erreicht, das den Aufbau eines eigenständigen Betty Bossi Verlags notwendig machte. 1977 wurde das Unternehmen gegründet. Alles wurde professioneller, doch die Wesensmerkmale der Marke wurden beibehalten: Vertrauenswürdigkeit, Neutralität, Sachlichkeit und ein hoher Anspruch an die Qualität – es sind dieselben, die man gemeinhin den Schweizern als solchen zuschreibt. Im Jahr 1983 wurden von dem Backbuch »Kuchen, Cakes & Torten« in einem guten Vierteljahr 650 000 Stück verkauft. Wie viele andere Frauen versuchte auch Creola anfangs, ihren Ehrgeiz zugunsten der Familie zurückzufahren. Nach einer kaufmännischen Lehre begann sie ein Studium der Germanistik, das sie nach wenigen Semestern aufgab, obgleich es ihr schwerfiel. »Die Sprache war mir immer wichtig, deshalb wollte ich Germanistik studieren.« Die Möglichkeiten im Unternehmen, die sich mit zunehmender Beliebtheit ihres Alter Egos multiplizierten, nutzte sie allerdings gern, auch wenn sie so weniger Zeit für ihre Kinder hatte. Diese jedoch konnten mächtig stolz sein auf ihre berühmte Mutter. Denn natürlich steht Frau Creola-Maag auch im »Historischen Lexikon der Schweiz«, dem Who's who der Eidgenossen.

Nach dem Tod ihres Mannes, da war sie in ihren 80er Jahren, kaufte sich Frau Creola-Maag einen Flügel und nahm auch wieder, wie schon damals als junge Frau, Klavierstunden. Noch mit über neunzig führte sie ihren Haushalt ganz allein. Emmi Creola-Maag wurde 94 Jahre alt, sie starb 2006 in Zürich. Ihre Erfindung, die Figur Betty Bossi, hatte sie siebzehn Jahre lang persönlich mit Leben gefüllt – von 1955 bis 1971. Die Betty Bossi Zeitung hat heute eine Auflage von über 900 000 Exemplaren, die Kochshow wird im Durchschnitt von über 400 000 Zuschauern gesehen. Und um eine Frage vom Anfang zu beantworten: Für ein richtig gutes Stocki braucht es natürlich Muskat. Und zur Hälfte Butter.

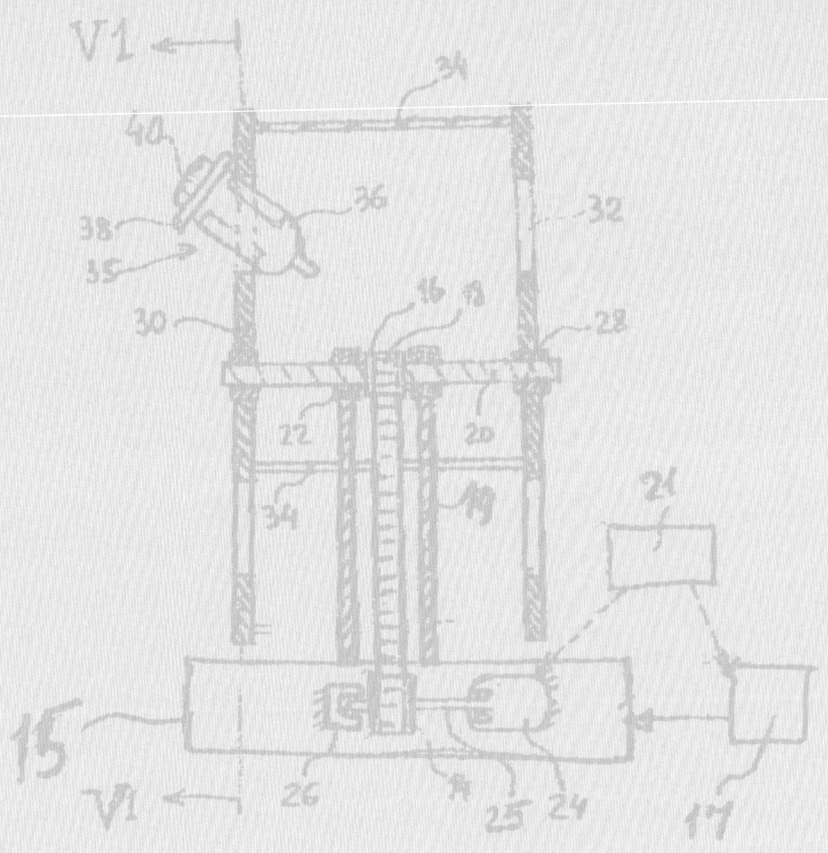

Grande Dame
Barbe-Nicole Clicquot
und das Rüttelpult

Champagner. Schon das Wort perlt. Und das Getränk selbst steht für Festfreude, Lebensart, französisch-kulinarische Raffinesse. Dabei wurde der Schaumwein wahrscheinlich gar nicht in Frankreich erfunden, sondern war ein eher zufälliges Ergebnis des in England unternommenen Versuchs, Wein haltbarer zu machen. Aber die (historisch wohl nicht zutreffende) Legende will, dass der französische Benediktiner Dom Perignon im 17. Jahrhundert beobachtete, wie die im Wein gelöste Kohlensäure bei einer zweiten Gärung in der Flasche nach Zusatz von Hefe und Rohrzucker jene »Perlage« entwickelt, die den Schaumwein so unwiderstehlich macht. Er hatte die Idee, das perlende Getränk in dickwandige Flaschen abzufüllen, die das Platzen des Glases beim dynamischen Gärungsprozess verhindern. Auf ihn geht auch das Standardquantum von 0,7 Litern zurück, das wir in Wein- oder Champagnerflaschen vorfinden – es entspricht der Menge, die nach Einschätzung des Benediktiners ein männlicher Genießer bei einem ausgedehnten Abendessen zu sich nimmt. Ein Problem jedoch, das der Mönch noch nicht lösen konnte, war die Trübung des Schaumweins infolge der Ablagerungen, die Hefe und Zucker während ihres Zersetzungsprozesses im Wein erzeugen. Hierfür musste erst rund hundert Jahre später eine Frau geboren werden: Barbe-Nicole Ponsardin. Sie kam 1777 in Reims zur Welt.

Der Mann, dem Barbe-Nicole ihr Jawort gab, hieß François Clicquot und führte eine Schaumweinkellerei. Zunächst war Madame nicht mehr als die Frau an seiner Seite und die Mutter der gemeinsamen Tochter Clementine. Doch dann verlor sie ihren Mann, er starb im Jahre 1805 an einem bösartigen Fieber. Barbe-Nicole war erst 27 Jahre alt, ihr Kind gerade sechs. Sie übernahm die Kellerei, die nicht sonderlich erfolgreich war, ließ sich in Produktionsabläufe und Buchhaltung einweisen und führte so das Unternehmen ihres Mannes als Veuve Clicquot (Witwe Clicquot) weiter. Für Frauen war zu jener Zeit die Witwenschaft oft der einzige Weg, um an die Spitze einer Firma zu gelangen. Barbe-Nicole Clicquot war die allererste Frau, die ein Champagnerhaus selbständig leitete. Sie nahm die Sache sehr ernst und hielt die Zügel fest in der Hand. Ihr wird eine außergewöhnliche Durchsetzungskraft bescheinigt. Sie engagierte sich persönlich für das, was wir heute Marketing nennen, und reiste an sämtliche Fürstenhöfe Europas, um ihren Champagner bekannt zu machen – mit Erfolg. Dort war man erschöpft von den Kriegen, mit denen der Kaiser der Franzosen den Kontinent überzogen hatte, jetzt wollte man den Frieden

Die Witwe Clicquot war eine strenge, sehr erfolgreiche Geschäftsfrau

bei einem Glas Champagner feiern. Wichtigster Exportpartner für Clicquot war das vom Krieg besonders gebeutelte Russland. Zar Alexander sagte, er würde nie etwas anderes trinken. In England bestellte man im Club schlicht ein Glas »the Widow«.

Der Schaumwein selbst aber wies immer noch jene Trübung auf, die sich aus der Flaschengärung durch die Hefe ergab. Seit Dom Perignons Zeiten hatte man das einfach hingenommen. Doch Madame Clicquot gab sich damit nicht zufrieden. Sie analysierte die »Methode Champagnoise« in allen ihren Schritten und kam auf eine Idee: Was wäre, wenn man die Flaschen während der zweiten Gärung so bewegte, dass sich die Ablagerungen an einer bestimmten Stelle zu einem Pfropf sammelten, etwa im Flaschenhals, von wo man sie nach Entfernung des Korkens rasch extrahieren könnte, ohne dass die Kohlensäure entwiche? Clicquot war eine Frau der Praxis, sie probierte es aus. Die Legende will, dass sie in ihren Küchentisch ein paar Löcher hineinsägte, in die sie die Flaschen mit dem Hals nach unten steckte. Was immer wirklich geschah: Die Grundidee war richtig. Die Flaschen mussten während der zweiten Gärung täglich bewegt, das heißt „gerüttelt", und schließlich kopfüber gelagert werden, um die Trübstoffe zur Konzentration beim Korken zu treiben. Von dort wurden sie dann unter Schonung der begehrten Kohlensäure (»Perlage«) rasch herausgezogen, ein Zusatzstoff (Geheimrezept!), genannt Dosage, zur Abrundung des Geschmacks beigefügt und hernach die Flasche endgültig verschlossen. Das Resultat war eine vollkommen klare, zartgoldene Flüssigkeit. Ohne diese Klarheit, das meinen Önologen heute, wäre der Champagner niemals der berühmteste Wein der Welt geworden.

Das Rütteln der Schampusflaschen (französisch »Remuage«) diente aber nicht nur der Sammlung des Sediments, sondern auch der Feinverteilung der kostbaren Hefe-Aromen. Dies war nur durch den Einsatz einer lang geübten Technik möglich, und dafür gab und gibt es Spezialisten, die »Remueurs« – Rüttler. In der Zeit nach den Napoleonischen Kriegen nahm Madame die Sache allerdings selber in die Hand, sie rüttelte persönlich. Und sie hat dafür gesorgt, dass eine Vorrichtung gebaut wurde, in die der Champagner während der Flaschengärung zum Zwecke der Enthefung eingelagert und in der er fachkundig bewegt werden konnte. Diese Vorrichtung heißt »Rüttelpult« und ist die originäre Erfindung der Barbe-Nicole Clicquot, die sie gemeinsam mit ihrem Kellermeister Antoine Müller, einem Emigranten aus Bayern, ertüftelte.

Es handelt sich dabei um eine Holzkonstruktion, die belastbar genug sein musste, um eine gewisse Anzahl von Champagnerflaschen zu tragen und ihre Bewegung zuzulassen. Noch heute werden solche Rüttelpulte verwendet, obwohl man allmählich dazu übergeht, das Rütteln maschinell zu bewerkstelligen. Und so kann man sie beschreiben, die drei wichtigsten Schritte des sachgerechten Rüttelns:

Erstens: man dreht die Flasche leicht, oft nur ein paar Millimeter; zweitens: man gibt der Flasche einen sanften Stoß, um den Hefesatz zur Flaschenwand zu treiben; drittens: man stellt die schräg stehende Flasche noch etwas steiler im Loch des Rüttelpultes auf. – Historische Rüttelpulte werden heute auf Versteigerungen angeboten und von Champagner-Fans als Regale benutzt.

Nun war die um das Rütteln ergänzte »Methode Champagnoise« nicht die einzige Gewähr für einen hervorragenden Schaumwein. Die Lage der Weinberge spielte ebenfalls eine wichtige Rolle. Und auch hier erwies sich die Witwe des Winzers Clicquot als umsichtige Unternehmensführerin. Sie erwarb Weinberge in Spitzenlagen, und zwar in Bouzy, Verzy,

»Die Welt ist in ständiger Bewegung. Wir müssen heute die Dinge für morgen erfinden. Handelt mit Kühnheit!«

58

Verzenay, Avize und Les-Mesnil-sur-Oger. Ihr Produkt gewann stetig an Qualität und Ruhm. Bald war der Champagner »Veuve Clicquot« mehr als ein Getränk und auch mehr als eine Marke, er war ein Mythos. Das ist bis heute so geblieben – das bekannte gelbe Etikett verspricht nicht nur einen guten Tropfen, sondern auch die Teilhabe an einer außerordentlichen Tradition.

Der Deutsche Christian von Kessler war fast zwanzig Jahre, zuerst als Prokurist, später als Teilhaber, im Hause Clicquot tätig. Er gründete sodann mit seinen französischen Erfahrungen in Esslingen die erste deutsche Sektkellerei. Ja, Schaumweine, deren Reben nicht aus der Champagne stammen, dürfen sich nicht »Champagner« nennen, sie müssen mit dem Etikett »Sekt« vorliebnehmen. Es soll übrigens der Dichter E.T.A. Hoffmann zusammen mit seinem Freund, dem Schauspieler Ludwig Devrient, gewesen sein, der dem »Sekt« seinen Namen gab. Devrient stand damals in der Berliner Shakespeare-Aufführung von »Heinrich IV.« auf der Bühne und stürmte gern nach Schluss der Vorstellung zu Hoffmann in die Weinstube Lutter & Wegner, um dort mit Donnerstimme, noch ganz in der Rolle des Falstaff, den Ober aufzufordern: »Bring er mir Saek, Schurke!« Der »Saek« kam im Stück vor, so hieß bei Shakespeare eine Sherry-Sorte. Der Ober, der genau wusste, dass Devrient nichts so gern trank wie moussierenden Wein, servierte diesen. So kam der Sekt zu seinem Namen.

Inzwischen hatte die Frau, auf deren Wirken der weltweite Ruhm des Schaumweins zurückging, eine eigene Bank gegründet, die Veuve Clicquot Ponsardin & Cie. (1822). Auch dieses Unternehmen wirtschaftete äußerst erfolgreich. Bekannte Firmen aus Reims und Umgebung kamen mit dem bald schon renommierten Geldinstitut ins Geschäft. Madame Clicquot war jetzt eine schwerreiche Frau. In den 1840er Jahren baute sie sich ein Schloss in Boursault. Dahin zog sich die berühmte Erfinderin und Unternehmerin, die man respektvoll die »Grande Dame de Champagne« nannte, im Alter zurück. Sie starb dort 89-jährig im Jahre 1866. Ihren Nachkommen hat sie diese Lebensweisheit mit auf den Weg gegeben: »Die Welt ist in ständiger Bewegung. Wir müssen heute die Dinge für morgen erfinden. Handelt mit Kühnheit!«

1972 wurde der Prix Veuve Clicquot zum 200-jährigen Firmenjubiläum des großen Champagnerhauses gestiftet – mit ihm wird unter Bewerberinnen aus vielen Ländern die »Unternehmerin des Jahres« ausgezeichnet. Die Trägerin erhält die Gelegenheit, an einem jährlich stattfindenden Workshop in Reims teilzunehmen und so Mitglied eines einflussreichen Netzwerks von Führungsfrauen zu werden. Der Preis ist nicht dotiert, der Gewinnerin aber werden wertvolle Kontakte zuteil, und sie erhält jedes Jahr zu ihrem Geburtstag eine Flasche Champagne Veuve Clicquot.

Markstein am Wegesrand: das Veuve-Clicquot-Weingebiet in Frankreich. Foto: Catherine Karnow, 1999

Frische und Geschmack

Melitta Bentz
und der Kaffeefilter

Kaffeesatz im Kaffee, das war zu Beginn des vergangenen Jahrhunderts der Normalfall, so trank man den bitteren Muntermacher allerorten. Gemahlene Kaffeebohnen und Wasser wurden vermengt und das Ganze aufgebrüht. Der letzte Schluck war stets heikel, es sei denn, man fand es schön, auf gerösteten Bohnenkrümeln herumzukauen. Manche gossen gar den Sud durch einen Beutel aus Stoff, der mit der Zeit gammelig und muffig roch – entsprechend entwickelte sich das Kaffeearoma.

Melitta Bentz fand das alles gar nicht schön. Und sie sann darüber nach, wie die misslichen Umstände zu beheben seien. Geboren als Amalie Auguste Melitta Liebscher in Dresden, war sie eine attraktive Frau aus gutem Hause, Vater Verlagsbuchhändler, Großeltern Brauereibesitzer. Melitta war glücklich verheiratet und Mutter zweier Söhne. Sie galt als energisch, gewissenhaft und auf leidenschaftliche Weise zielstrebig. Beim Grübeln über die Verbesserung des Kaffeegenusses nahm sie, wie viele Erfinderinnen, die sich den kleinen Dingen des Alltags widmeten, zur Hand, was direkt vor ihrer Nase lag. In ihrem Fall waren dies Löschblätter. Jedem Schulheft lag eins bei, denn diese Blätter waren damals wegen der langsam trocknenden Tinte unentbehrlich. Melitta nahm ein Löschblatt aus dem Schulheft ihres Sohnes Willi und schlug damit einen Messingtopf aus, dessen Boden sie zuvor mit Hammer und Nagel durchlöchert hatte.

In der Wirtschaftswunderzeit hatte sich die Produktpalette stark erweitert. Werbemotiv, 50er Jahre

Das war schon mal ein Filter, manche sagen sogar der »Urfilter« des Unternehmens Melitta. Das Aroma der braunen Brühe, die nach dem Aufguss durch das Löschpapier gesickert und durch die Löcher im Topf gelaufen war, erwies sich als köstlich und auch bekömmlich, denn in dem Papier blieben neben dem Mahlgut auch die Öle der gerösteten Bohnen zurück; das Filtrat war also weniger mit Reizstoffen belastet. Damit schmeckte das Heißgetränk auch nicht mehr so bitter.

Melitta Bentz mit ihrem Ehemann Emil Hugo. Als der Laden lief, wurde er ihr Angestellter

Gebrauchsmusterschutz für einen »Kaffeefilter mit auf der Unterseite gewölbtem Boden sowie mit schräg gerichteten Durchflusslöchern«

Manche Ideen sind so simpel wie bestrickend und gerade wegen ihrer Einfachheit überzeugend. Der Kaffeefilter, von Melitta Bentz im Jahre 1908 erfunden, gehört dazu. Gerade bei unseren alltäglichen Verrichtungen sind wir offenbar bereit, uns mit Fehlern und Missständen abzufinden, das heißt, wir strengen unseren Geist bei der Suche nach alternativen Lösungen einfach nicht mehr an. Und deshalb bedarf es einer besonderen Kreativität, um die eingefahrenen Gleise zu verlassen. Was die Erfindung der Frau Bentz betrifft, so hatte zuvor vielleicht auch das beliebte Lesen im Kaffeesatz eine Weiterentwicklung der Zubereitungsmethode verhindert.

Melitta Bentz meldete den Kaffeefilter am 20. Juni 1908 erfolgreich beim Kaiserlichen Patentamt zu Berlin an (Patent Nr. 347895). Das Amt gewährte Gebrauchsmusterschutz für einen »Kaffeefilter mit auf der Unterseite gewölbtem Boden sowie mit schräg gerichteten Durchflusslöchern«. Aus dem Löschpapier wurde im Amtsdeutsch »Filtrierpapier«. Bis zum heutigen Tag darf nur das Unternehmen Melitta dieses Produkt als »Filtertüte« bezeichnen – alles andere ist »Filterpapier«. Nun war der Filterkaffee in der Welt und aus ihr nicht mehr wegzudenken.

Dass ausgerechnet eine Hausfrau aus Sachsen diese Idee hatte, ist kein Zufall. Frau Bentz war in einer innovationsfreundlichen Kultur aufgewachsen, das Tüfteln hatte eine lange Tradition in dieser Gegend. Zudem gab es in ihrer Verwandtschaft gleich mehrere Vorbilder für unternehmerisches Handeln. Diese Rahmenbedingungen haben natürlich eine große Rolle für die Entwicklung ihrer Kreativität gespielt.

Die Bewilligung des Patentamts war übrigens ganz und gar nicht selbstverständlich. Denn als Gebrauchsmuster – es wird auch der »kleine Bruder des Patents« genannt – kann eine technische Erfindung nur geschützt werden, wenn drei Kriterien erfüllt sind: Die Neuerung muss in der Tat beispiellos sein, sie muss auf schöpferischem Vorgehen beruhen, und sie muss gewerblich nutzbar sein. Das traf beim Melitta-Filter alles zu. Also konnte es losgehen. Am 15. Dezember 1908 wurde das Unternehmen zur Herstellung von Melitta-Filtern als »kaufmännisches Agentur- und Kommissionsgeschäft« ins Handelsregister eingetragen. Das hinterlegte Eigenkapital betrug 73 Reichspfennig. Frau Bentz war nun nicht mehr nur Erfinderin, sondern auch Arbeitgeberin. Ehemann Emil Hugo und die Söhne Horst und Willi waren die ersten Mitarbeiter der jungen Firma.

Bis heute darf nur das Unternehmen Melitta dieses Produkt als »Filtertüte« bezeichnen – alles andere ist »Filterpapier«.

Die hatte ihren Sitz zunächst in der Fünf-Zimmer-Wohnung der Familie: ein Start, der typisch für Unternehmerinnen ist, die vorsichtig sind und deshalb lieber klein anfangen. Und eine clevere Strategie für innovative Unternehmen in ihren Anfängen, denn viele scheitern an mangelnder Liquidität während der Gründungsphase. Um ihre Erfindung zu bewerben, richtete Melitta Bentz erstmal Kaffeekränzchen aus. Heute ist diese Vertriebsform verbreitet, damals war sie neu. Emil Hugo gab seine Stelle als Abteilungsleiter in einem Kaufhaus auf und warb in Schaufenstern für den Kaffeefilter; angeblich ist diese Art der Präsentation auch von Melitta erfunden worden. Per Handkarren belieferten die Söhne Kunden mit Filtertüten.

Vater und Sohn, die berühmten Figuren des Zeichners E.O. Plauen, machten alles gemeinsam – auch die Werbung für Melitta. Werbemotiv, 30er Jahre

Drei Jahre später wurden dem Betrieb bereits die goldene und silberne Medaille der Internationalen Hygieneausstellung beziehungsweise des sächsischen Gastwirtevereins verliehen. Man bezog einen geräumigeren Firmensitz. Gleichzeitig brachte Melitta ihre Tochter Herta zur Welt. Und weiter ging es mit dem Aufstieg, mit dem rasant wachsenden Umsatz. Das war insofern kein Wunder, als im Deutschen Reich die Industrie intensiv vorangebracht wurde, immer mehr Menschen immer weniger Zeit hatten und eine Tasse Kaffee brauchten, um wach zu bleiben und noch mehr arbeiten zu können. Da kam die Erfindung des Filterkaffees gerade recht.

Bis zum Ende des Ersten Weltkriegs führte Frau Bentz den Betrieb allein. Filter wurden in den Kriegsjahren nicht produziert, die Familie konnte sich mit dem Verkauf von Kartons über Wasser halten. 1924 wurde umgebaut, um neue Kapazitäten zu schaffen. Inzwischen war der hunderttausendste Filter gefertigt worden. Dennoch konnte der steigende Bedarf nicht ausreichend gedeckt werden. 1925 entstand die markante rot-grüne Verpackung, die die Marke Melitta von den inzwischen zahlreichen Wettbewerbern bis heute abhebt. Im Jahr 1927 arbeiteten achtzig Arbeiter in Früh- und Spätschicht. Im Jahr der großen Depression, 1929, reichte der Platz in der sächsischen Hauptstadt nicht mehr aus. Dresden war vom Ersten Weltkrieg verschont geblieben, daher gab es keine Baulücken, die man hätte nutzen können. Und es drückte die Steuerlast. Da kam die Anfrage der Stadt Minden gerade recht. Die Ostwestfalen wollten größere Industriebetriebe in ihre strukturschwache Region locken und enthoben Melitta von der Steuerzahlung für die nächsten fünf Jahre. Ein sehr verlockendes Angebot, folglich zog Melitta in eine ehemalige Schokoladenfabrik nach Minden an der Weser. Im Handelsregister der Stadt wird »Melitta Bentz« als Firmenname festgehalten.

1936 entstanden der Melitta-Schriftzug und die patentierte und bis zum heutigen Tag verwendete, konisch sich verjüngende Filtertüte zum Falzen.

1936 entstanden der Melitta-Schriftzug und die patentierte und bis zum heutigen Tag verwendete, konisch sich verjüngende Filtertüte zum Falzen. Die Eheleute Bentz zogen sich 1932 aus dem operativen Geschäft zurück, das Unternehmen wurde in eine Aktiengesellschaft umgewandelt. Horst und Willi Bentz leiteten nun die »Melitta-Werke AG«. 1936 kam die typische Filtertüte auf den Markt, wie sie noch heute verwendet wird. Aber wie andere Betriebe auch, musste Melitta die Produktion auf kriegswichtige Erzeugnisse wie Pfannen, Töpfe und Munitionsgürtel umstellen. Ein dunkles Kapitel in der Geschichte des Unternehmens begann. Horst Bentz trat 1933 der NSDAP und auch der SS bei. In der Werkzeitung rief man zum Boykott namentlich genannter jüdischer Geschäfte auf – die Nichtbeachtung führte zu fristloser Kündigung. Die Firma profilierte sich als »der erste nationalsozialistische Musterbetrieb des Kreises Minden«, und ihr wurde in den Jahren darauf mehrmals die »Goldene Fahne« als NS-Musterbetrieb verliehen.

In der Nachkriegszeit trennten sich die unternehmerischen Wege der Gebrüder Bentz. Willi führte die Papierfabrik in Düren, Horst übernahm Melitta in Minden. Das neue Geschäft mit dem Kaffee lief bestens, auch eine Sparte Haushaltswaren machte sich gut. Nach und nach ergänzten Süßigkeiten, Zigaretten, Getränke und Porzellan die Produktpalette. Die Geschäftsfelder heißen heute »Frische und Geschmack«, »Praktische Sauberkeit« und »Teegenuss«.

Filtertüten für jedes Format, in den klassischen Markenfarben Grün und Rot. Verpackungen aus den 30er und 60er Jahren

Melitta Bentz erlebte den weiteren Aufstieg kurz nach dem Krieg noch mit. 1950 starb sie am 29. Juni in Holzhausen/Porta Westfalica. Im Jahre 1999 beteiligte sich die Melitta-Gruppe am Zwangsarbeiter-Fonds der deutschen Wirtschaft und der Stiftung »Erinnerung, Verantwortung, Zukunft«. Nach hundert Jahren hat das von Melitta Bentz gegründete Unternehmen, die Melitta Unternehmensgruppe Bentz KG, Tochtergesellschaften in aller Welt und beschäftigt mehr als 3000 Mitarbeiter. Noch immer liegt es in der Hand der Familie – die Enkel Thomas und Stephan Bentz führen es fort.

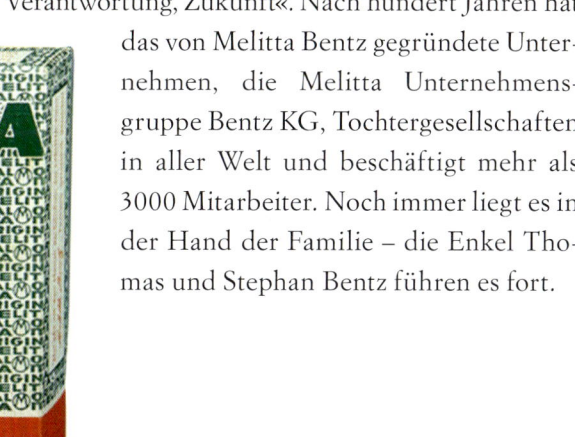

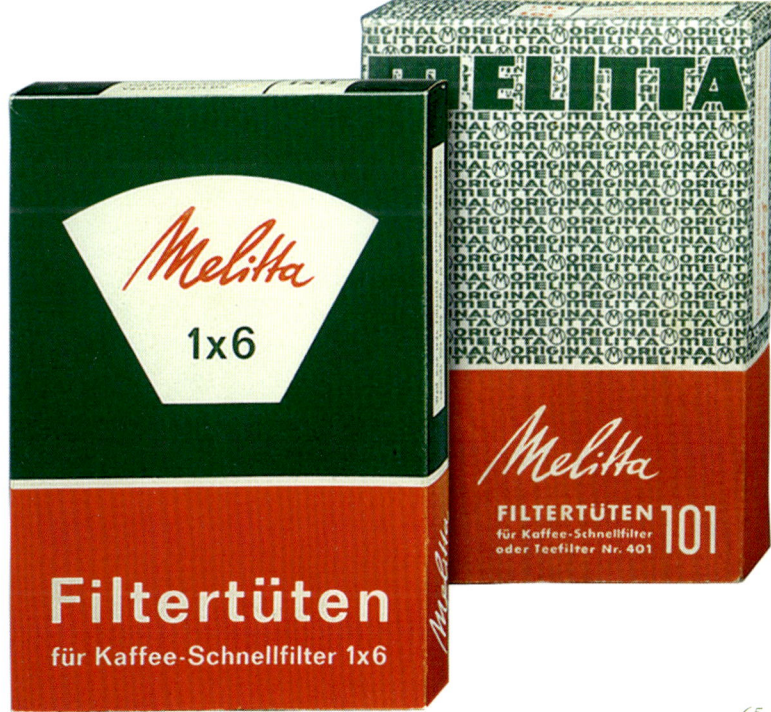

Die Lady mit der Lampe
Florence Nightingale
und das Tortendiagramm

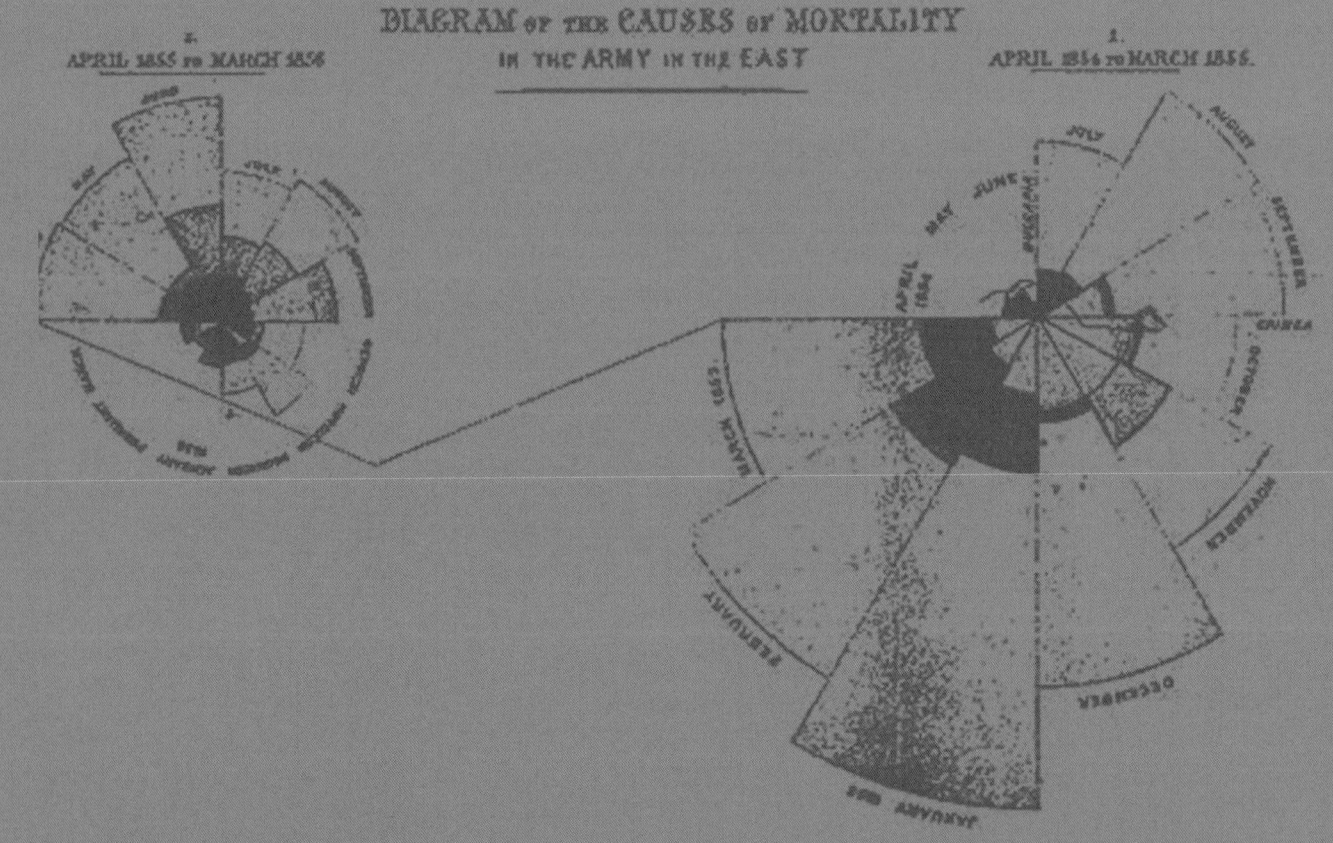

Sie wäre gern Mathematiklehrerin geworden. Das Denken in Größenverhältnissen, das Kalkulieren und Knobeln lag ihr. Aber die Eltern waren gegen solche Pläne. Als Frau könnte sie nur Mädchen unterrichten. Und was sollte eine höhere Tochter, die für die Ehe und häusliche Pflichten erzogen wurde, mit Mathematik anfangen? Wo sollten die Schülerinnen herkommen? So konnte Florence Nightingale ihre Begeisterung für die Mathematik vorerst nicht ausleben. Aber dass sie später einen Beruf haben und etwas ausrichten wollte in der Welt, daran hielt sie fest.

Der Vater, liberaler Politiker und vermögender Schöngeist, wohnhaft mit der Familie auf einem Landsitz nahe Derbyshire, war von seiner klugen Tochter beeindruckt. Wenn er ihr auch das Mathematikstudium ausredete, so unterrichtete er sie doch gründlich in alten und neuen Sprachen, Geschichte und Philosophie. Die Mutter schüttelte darüber den Kopf, sorgte für schöne Kleider und hielt nach einem Heiratskandidaten Ausschau.

Vergebens. Florence zeigte sich tief beeindruckt von der amerikanischen Ärztin Elizabeth Blackwell, die gegen alle Widerstände ein Medizinstudium absolviert und den Frauen der Welt gezeigt hatte: Es geht! Florence wollte es ihr gleichtun und wenn nicht Ärztin, so doch Krankenschwester werden. Sie wusste, dass es im deutschen Kaiserswerth eine Ausbildungsstätte für Diakonissen gab: Hier konnten Frauen die Grundlagen der Krankenpflege erlernen, und hierhin begab sich – gegen den Widerstand der Familie – auch Florence. Das Pflegewesen, die Organisation eines Krankenhauses, die sanitären Anlagen, all das befand sich vor anderthalb Jahrhunderten noch in den Anfängen. Eine Krankenstation für das einfache Volk war schmutzig und dürftig, die Sterblichkeit hoch. Als Pflegekräfte agierten Laien – und barmherzige Schwestern aus christlichen Orden.

Nur unter ihnen waren medizinische Grundkenntnisse vorhanden. Auch in Paris gab es solche in der Pflege bewanderten Nonnen, dort sah sich Florence gleichfalls um, als sie ihre Lehrzeit in Kaiserswerth beendet hatte. Zurück in England erkannte sie beschämt, wie rückständig die Krankenpflege in ihrer Heimat war. Sie bewarb sich um die Leitung eines Sanatoriums für Damen, erhielt sie und machte sich umgehend daran, die Hygiene auf den neuesten Stand zu bringen und Schwestern anzulernen. Mittlerweile hatte sie ihren Vater davon überzeugen können, dass sie bei der Krankenpflege und nur dort am rechten Ort sei, und Mr. Nightingale rang sich dazu durch, ihr eine Rente auszusetzen. Jetzt, mit 33 Jahren, war sie endlich frei. Ihr Leben lang hat sie ihre Reformen in Kliniken und Lazaretten aus ihrem Privatvermögen mitfinanziert.

Florence Nightingale wurde 1820 geboren – in der Stadt Florenz, deren Namen sie trug. Sie war ein hoch begabtes, eigenwilliges und verschlossenes Kind. Innig redete sie mit ihrem Herrgott, der ihr, als sie heran wuchs – so sagte sie –, den Auftrag erteilte, Gutes zu tun. Mit Anfang dreißig entschied sie sich gegen die Ehe; den Antrag eines passenden Bewerbers, den sie übrigens gut leiden konnte, wies sie zurück. Nightingale ist das Musterbeispiel eines Menschen mit Mission, der niemals aufgibt. Sie hatte ihr Leben lang hart zu kämpfen, besonders, als sie daranging, das daniederliegende britische Heeressanitätswesen zu reformieren. Das Militär wollte eine alles besser wissende Zivilperson, die dazu noch weiblichen Geschlechts war, keinesfalls akzeptieren. Doch Miss Nightingale wusste es wirklich besser, und überall, wo sie auftauchte und die Dinge regelte, starben deutlich weniger Menschen.

Sie wusste, dass es im deutschen Kaiserswerth eine Ausbildungsstätte für Diakonissen gab: Hier konnten Frauen die Grundlagen der Krankenpflege erlernen.

So setzte sich diese tatkräftige Organisatorin, Verwalterin, Reformerin, Medizinerin, Statistikerin und Führungskraft am Ende durch. Sie wurde neunzig Jahre alt und starb hoch geehrt 1910 in London.

1853 begann der Krimkrieg, in dem Frankreich, England und die Türkei gegen Russland zu Felde zogen. Die Verbündeten waren davon ausgegangen, dass es bei ein paar Scharmützeln sein Bewenden haben und Russland bald in die Knie gehen würde, aber es kam anders. Zwar verlor der Zar den Krieg, doch die Verluste auf beiden Seiten waren enorm. Als Meldungen über das Massensterben unter den tapferen englischen Soldaten nicht abrissen und bekannt wurde, dass die französischen Verwundeten von barmherzigen Schwestern gepflegt, die englischen aber ihrem Schicksal überlassen wurden, rief die öffentliche Meinung in England nach Abhilfe. Florence Nightingale hatte sich kurz zuvor bei der Bekämpfung einer Cholera-Epidemie bewährt; jetzt fiel ihr Name, als es darum ging, eine fähige Person zu finden, der man zutraute, Schwestern einzuarbeiten und mit ihnen in ein Lazarett nahe Istanbul zu ziehen. Auch zahlte sich Nightingales Herkunft aus der Upperclass aus. Sie hatte gute Kontakte zur politischen Klasse und war mit Kriegsminister Sidney Herbert bekannt. Der schickte sie persönlich in den Süden, damit sie dort für die Kriegversehrten täte, was getan werden musste.

> **Wenn sie von Bett zu Bett ging, Verbände wechselte, Medizin verteilte, mit den Soldaten sprach und Trost spendete, musste sie ein Licht mitnehmen. So kam sie zu ihrem Beinamen: die Lady mit der Lampe.**

Es war ein großer Schock für Nightingale und ihre 38 Krankenschwestern, als sie in Scutari ankamen und das Lazarett in Augenschein nahmen. Die Räume starrten vor Schmutz, Ratten huschten umher, die Verwundeten hungerten, sie lagen in ihren blutgetränkten Uniformen auf dem nackten Boden, dem Tode nah. Das britische Militär litt unter einer extrem arroganten Führung, alle Mittel kamen allein den Offizieren zugute, die Mannschaften galten nichts, und ob sie nun im Feld oder im Lazarett verstarben, war gleichgültig. Obwohl die meisten Ärzte ihre »Einmischung« ablehnten, machte sich Florence Nightingale – geschützt und gestützt durch das Mandat des Kriegsministers – sogleich ans Werk. Sie begann mit einem Großputz, orderte Betten, Decken, Wäsche, Geschirr und Medikamente und bestellte Lebensmittel, die sie aus eigener Tasche bezahlte. Dank ihrer Beziehungen konnte sie schalten und walten, wie sie wollte, und sogar eine Kanalisation einrichten lassen – wenn sie auch immer wieder auf Hindernisse stieß und mehr als einmal glaubte, alles hinwerfen zu müssen.

Florence Nightingales Kampf um die elementaren Menschenrechte der verwundeten Soldaten, um ein funktionsfähiges Lazarett mit sauberem Wasser und frischer Wäsche, war in erster Linie ein endloser Papierkrieg. Das vergisst, wer die aufopferungsvolle Miss immer nur am Krankenbett vor Augen hat. Erschöpft von den Arbeiten der Verwaltung und Reorganisation, konnte sie sich oft erst nachts den Kranken widmen. Wenn sie von Bett zu Bett ging, Verbände wechselte, Medizin verteilte, mit den Soldaten sprach und Trost spendete, musste sie ein Licht mitnehmen. So kam sie zu ihrem Beinamen: die Lady mit der Lampe.

Um überhaupt erst einmal Strukturen aufzubauen und die nötigen Hilfsmittel – von der Diätküche und dem Nachtgeschirr bis zum Verbandszeug – zu beschaffen, brauchte sie Geld. Das musste in London beantragt werden, und es hatten Beweise vorzuliegen, dass die Mittel wirklich dazu taugten, die Sterblichkeit zu senken. Die vorliegenden Zahlen mussten aufbereitet und in Relationen gesetzt werden, so dass sich zeigte, wie etwa die Einführung der Kanalisation die Rate der geheilten Patienten kontinuierlich ansteigen ließ. Dabei vertraute Nightingale nicht allein auf das Wort. Ihr gutes Zahlengedächtnis

Lazarette waren zur Zeit des Krimkriegs oft miserabel ausgestattet; die Verwundeten lagen auf dem Boden, Krankenkost war unbekannt. Lithografie, 1856

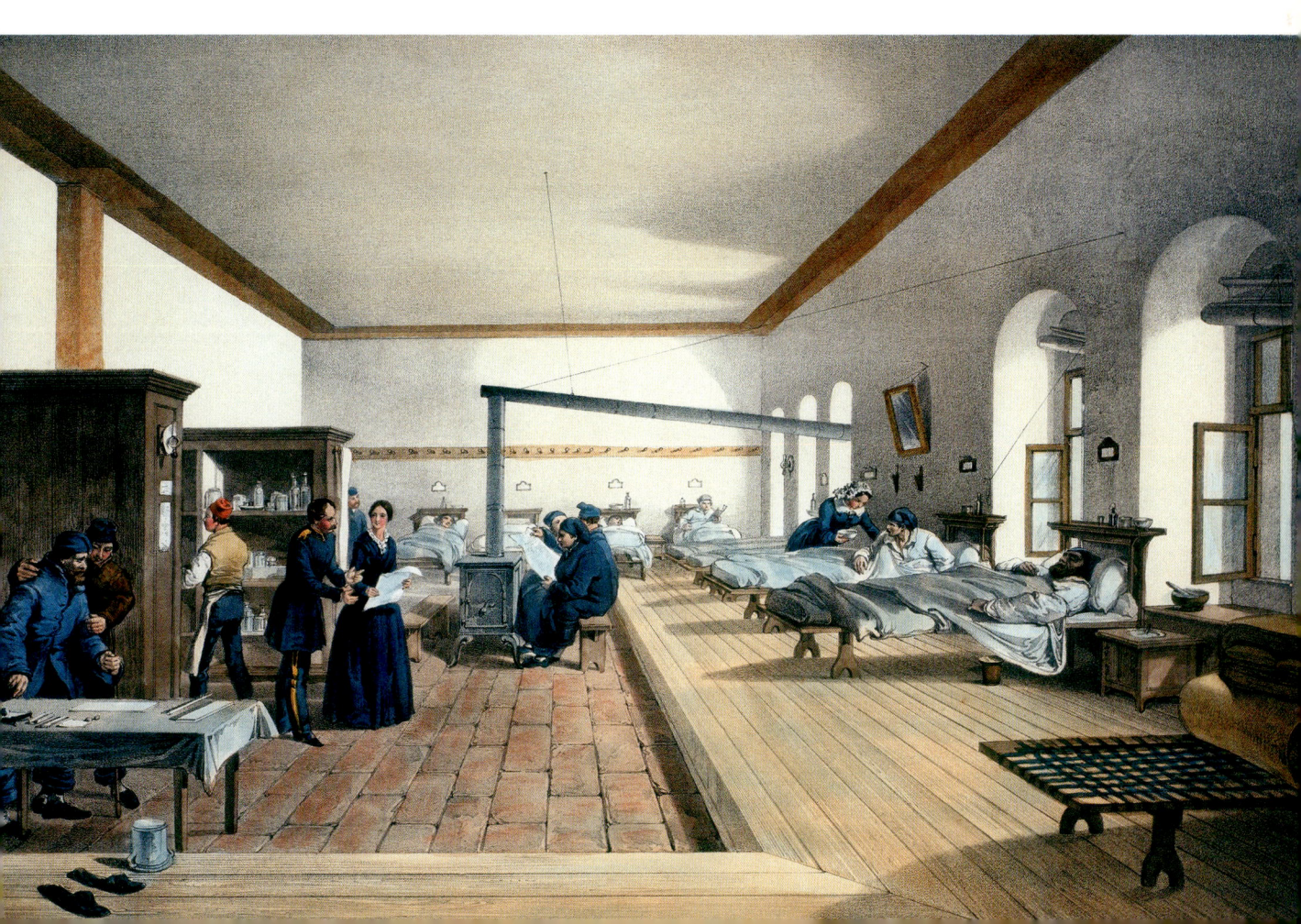

und ihr mathematisches Verständnis halfen ihr bei der Aufbereitung umfangreicher Zahlenwerke in Statistiken. Um diese aber auch anschaulich zu machen, arbeitete sie mit Zeichnungen. Sie entwarf einen Kreis, markierte den Mittelpunkt, erklärte diese »Torte« zu hundert Prozent und konnte nun mit einzelnen »Tortenstücken« Größenverhältnisse plastisch machen. Von hundert ins Lazarett eingelieferten Soldaten waren zum Beispiel dreißig lebensgefährlich, vierzig sehr schwer und die restlichen dreißig Prozent nur mittelschwer verletzt, woraufhin mit einer Gesamtverweildauer im Lazarett von soundsoviel Tagen zu rechnen wäre ...

Das auch noch heute von Statistikern gern verwendete Tortendiagramm ist eine Erfindung von Florence Nightingale. Um ihre außergewöhnliche Leistung bei der Einführung komplexer Statistiken zur Analyse des Gesundheitswesens zu ehren, wurde die Reformerin 1858 als erste Frau in die Royal Statistical Society berufen und erhielt später die Ehrenmitgliedschaft in der American Statistical Association.

> **Sie entwarf einen Kreis, markierte den Mittelpunkt, erklärte diese »Torte« zu hundert Prozent und konnte nun mit einzelnen »Tortenstücken« Größenverhältnisse plastisch machen.**

1857 kehrte Nightingale nach England zurück. Sie war jetzt eine öffentliche Person, die bekannteste Frau Englands gleich nach Queen Victoria – die zu ihren Bewunderinnen zählte und mit der sie mehrfach zusammentraf. Nightingale hatte für Publicity nichts übrig. »Gott allein gebührt die Ehre«, pflegte sie zu sagen. Mit dem Erfolg waren auch Neider und Verleumder auf den Plan getreten, aber ihre Freunde waren zahlreicher. Zuallererst fanden sich diese im einfachen Volk, denn dort gab es viele Familien, deren Söhne nur dank der Lady mit der Lampe überlebt hatten. Doch auch in der Führung des Landes wussten manche Minister, was sie der unermüdlichen Reformerin schuldeten. Einer schrieb ihr: »Fürchten Sie nichts. Der hygienische Gedanke hat nun in der öffentlichen Meinung Wurzel gefasst und kann nicht mehr als Traumgespinst abgetan werden.« Als Henry Dunant 1864 die Genfer Konvention anregte (später: »Rotes Kreuz«), berief er sich auf Florence Nightingale als sein großes Vorbild. 1907 bekam sie den »Order of Merit«. Ihr Geburtstag am 12. Mai wird als Internationaler Tag der Krankenpflege begangen.

Nightingale gründete eine Krankenpflegeschule und schrieb Bücher über das »Nursing«. Krankenpflege wurde ein angesehener Beruf, der auch Frauen offenstand. Man könnte also sagen, dass die Reformerin, die mit der Erfindung des Tortendiagramms statistische Analysen im Gesundheitswesen anschaulich machte, auch den Ausbildungsberuf Krankenschwester erfunden hat. Unter Nightingales Leitung richtete die Regierung eine laufende Statistik zur Bevölkerungsentwicklung, zu Geburts- und Todesraten und zum Krankenstand ein. So hat sie schließlich doch noch Mathematik gelehrt: zwar nicht die kleinen Mädchen in der Schule, dafür aber die großen Herren im Parlament.

Im Alter wurde Florence Nightingale mit Ehrungen überhäuft. Sie wehrte ab und blieb bescheiden. Ihr Ruhm jedoch hat ihr Jahrhundert überlebt. Zu sehen ist sie hier in ihrer Wohnung in London, South Street, 1906

Il metodo
Maria Montessori
und die Einsatzzylinderblöcke

Man nannte ihn den Wolfsjungen. Er wurde im Jahr 1800 in den Wäldern von Aveyron aufgegriffen: ein menschliches Wesen, ungefähr zwölf Jahre alt, auf allen Vieren laufend, nackt, verwildert, sprachlos. Der angesehene Pariser Arzt Jean-Marc Itard nahm sich seiner an, taufte ihn Victor und versuchte, ihm die Zivilisation zu erschließen. Dafür musste er ihn sprechen lehren. Aber wie sollte er das anstellen bei einem Geschöpf, das nicht etwa in fremder Zunge, sondern in gar keiner Sprache kommunizierte? Itard blieb nur ein Weg, und der führte über Berührungen, Klänge, Bewegungen, Bilder. Die Sinne waren es, die zu Victors Kopf, seinem Verstand, seinem Sprachzentrum führen mussten. Regelmäßig übte Itard mit seinem außergewöhnlichen Patienten. Die Erfolge blieben bescheiden. Gleichwohl fertigte Itard ausführliche Berichte über seine Arbeit mit Victor an und veröffentlichte sie.

Rund hundert Jahre später erwiesen sich Itards Publikationen für die italienische Ärztin Maria Montessori als Offenbarung. Die Doktorin arbeitete in Rom mit geistig behinderten Kindern, die unter erbärmlichen Umständen in damals »Irrenanstalten« genannten Spitälern untergebracht waren. Montessori hatte immer daran gezweifelt, dass diese von ihren Eltern wie auch von den Ärzten aufgegebenen Kinder sich nicht doch noch entwickeln könnten – jetzt sah sie einen Weg: über die Sinne zum Kopf. Dankbar legte sie Itards Buch beiseite und überlegte. Sie würde »ihren« Kindern Aufgaben stellen, die nicht verbal, sondern gegenständlich formuliert waren. Sie dachte an ein Dutzend zylindrischer Bausteine, in der Größe passend zu den Händen der Kinder, doch von je

Die hoch gebildete Doktorin Montessori lebte mit Büchern. Sie wusste aber, dass kognitive Entwicklung auch andere Wege nimmt. Italien, 1926

unterschiedlicher Länge und mit verschiedenem Durchmesser, die in ebenfalls unterschiedliche Hohlkörper gesteckt werden mussten – aber in die richtigen! Zu jedem Zylinder passte nur eine Hülse. Einen Fehler würde das Kind daran erkennen, dass der Zylinder etwa in der Hülse verschwand oder zu dick war und deshalb nicht hineinpasste usw. Den Kindern sollte dieses Angebot ohne erklärende Worte unterbreitet werden. Sie würden selbst herausfinden, was es mit diesen auf den ersten Blick mysteriösen Gegenständen auf sich hätte. Montessori ließ ihre »Einsatzzylinder« anfertigen, steckte sie in einen extra dafür vorgesehenen hölzernen Block und begab sich damit zu ihren kleinen Patienten.

Der Erfolg war überwältigend. Ganz wie Montessori es vorausgesehen hatte, ergriffen die Kinder das seltsame »Spielzeug« begierig und fingen an, damit zu experimentieren. Bald erkannten sie, was zu tun sei, und konzentrierten sich mit großer Intensität auf die Aufgabe, die ihnen die Röhrchen und ihre Hülsen von selbst stellten. Montessori beließ es nicht bei den Einsatzzylindern. Sie erfand und verfertigte außerdem Schleifenrahmen, Farbtäfelchen, Würfel, Prismen, Stäbe, die nach Puzzle-Art zu ordnen waren, Geräuschdosen, Glockenbretter, Karten mit aufgeklebten Buchstaben aus Sandpapier und vielerlei mehr. Mit diesen »Sinnesmaterialien« sollten Auge, Ohr und Tastsinn angeregt und so per Stimulation das Hirn erreicht und der Verstand geweckt werden. Die behinderten Kinder erwachten zum Leben. Die stumpfen unter ihnen, berichtet Montessori, wurden munter und die Zappelphilippe ruhig. All die armen Victors erwiesen sich als (in Grenzen) lernbereit und lernfähig. Und es waren nicht die drohenden und drängenden Worte einer Lehrerin oder eines Arztes, die das Wunder bewirkt hatten – die galten damals als das einzige Mittel, um in gestörten Kindern Lerneifer zu wecken –, sondern der Appell an die Finger, die Augen, das Gehör, den die »Sinnesmaterialien« aussandten. Montessori ging noch einen Schritt weiter und befand: Es seien die Kinder selbst, die sich – mit Hilfe der Materialien – aus der Apathie befreit und Interesse an der Welt entwickelt hätten. »Selbständigkeit durch Selbsttätigkeit«, das war ihr Motto.

Im Jahre 1870 wurde Maria Montessori als Tochter eines Finanzbeamten in Chiaravalle, Provinz Ancona, geboren. Das Mädchen war fünf Jahre alt, als die Familie nach Rom übersiedelte. In der Schule fiel Maria durch ihre mathematische Hochbegabung auf – und durch enormen Ehrgeiz. Obwohl das Medizinstudium Frauen damals nicht offenstand, setzte Maria, unterstützt durch eine verständnisvolle Mutter, ihre Immatrikulation an der Universität zu Rom durch. 1896 wurde sie dort als erste Frau Italiens im Fach Medizin promoviert. Bis heute ist die italienische Frauenbewegung stolz auf diese Pionierin.

Es seien die Kinder selbst, die sich – mit Hilfe der Materialien – aus der Apathie befreit und Interesse an der Welt entwickelt hätten. »Selbständigkeit durch Selbsttätigkeit«, das war ihr Motto.

In der Klinik lernte die junge Ärztin den Kollegen Giuseppe Montesano kennen und verliebte sich in ihn. 1898 kam der gemeinsame Sohn Mario zur Welt. Warum das Paar nicht geheiratet hat, ist unbekannt. Vielleicht war es so, wie Mario später berichtete: Giuseppe und Maria hätten einander lebenslange Ehelosigkeit geschworen. Giuseppe aber habe den Schwur gebrochen und eine andere zur Frau genommen ... Verbürgt ist: Das Paar trennte sich, und die tief verletzte Maria gab den Sohn zu Pflegeeltern. Die Arbeit war das Einzige, was sie jetzt aufrecht hielt.

Und es gab viel zu tun. Schon früh ahnte Montessori, dass ihre Idee mit den Sinnesmaterialien nicht nur zur Erziehung behinderter Kinder taugte. In einem römischen Armenviertel eröffnete sie eine »Casa dei bambini« (Kinderhaus), dort sollten vernachlässigte, aber gesunde Kinder versorgt und unterrichtet werden. Sie wandte dieselbe Methode der Selbsttätigkeit und der Stimulation an wie im Spital. Und wieder zeigte sich: Das didaktische Material der Dr. Montessori brachte den Kindern in kürzester Zeit Eigeninitiative, Kombinationsgabe, Spaß am Lernen und vielerlei Fertigkeiten bei. Die Ärztin sah den Kindern zu, wie sie hoch konzentriert die kleinen Zylinder in die Hohlkörper praktizierten und sich dabei von nichts und niemandem stören ließen, und notierte dazu: »Mein unvergesslicher Eindruck glich, glaube ich, dem, den man bei einer Entdeckung verspürt.« Montessori studierte jetzt noch Pädagogik und Entwicklungspsychologie. Ihre »Methode«, die später weltberühmt wurde, hatte sie, wie sie nie müde wurde zu betonen, von den Kindern selbst empfangen. Den Erwachsenen empfahl sie, »die verborgenen Kräfte des Kindes zu erkennen, zu bewundern und ihnen zu dienen«.

Kinder in aller Welt wurden mit Hilfe von Montessoris Methode klug. Montessori-Kindergarten, 1925

»Il metodo« trat einen Siegeszug durch die Welt an. Man wollte Kinderhäuser à la Montessori u.a. in Deutschland, Holland, Dänemark, Spanien, Amerika und Indien einrichten. Die Pädagogin reiste von Stadt zu Stadt, von Land zu Land, hielt Vorträge, gab Kurse, bildete Lehrerinnen aus und schrieb Bücher, in denen sie ihre Methode erklärte. Sie achtete streng darauf, dass kein Kindergarten sich »Montessori« nannte, dem sie nicht die Erlaubnis erteilt hatte. So einfühlsam sie als Erzieherin war, so unerbittlich war sie als Geschäftsfrau und Verwalterin ihres Ideenguts.

Je älter Maria wurde, desto stärker betonte sie die Notwendigkeit religiöser Erziehung. Die gläubige Katholikin sah in jedem Kind ein Geschenk Gottes und in den leidenden Insassen eines Kinderspitals Reinkarnationen des Gottessohnes. »Das Kind ist der ewige Messias, der immer wieder unter die gefallenen Menschen zurückkehrt, um sie ins Himmelreich zu führen.«

Als Mario fünfzehn wurde, holte sie ihn zu sich. Er wurde ihr Assistent und Begleiter und hat später ihr Werk kommentiert und weitergetragen. In Mussolinis Italien war die berühmte Frau zuerst hoch angesehen, aber die Allianz hielt nicht. Als die Schwarzhemden Uniformen in Kinderhäusern einführen wollten, erkannte Montessori, dass die Werte der Faschisten nicht die ihren waren. Sie ging nach Barcelona; die Franco-Diktatur vertrieb sie von dort nach Amsterdam.

Inzwischen wurde eine »Montessori-Gesellschaft« gegründet, internationale Montessori-Kongresse luden nach Helsingör, Nizza, Rom, Amsterdam, Kopenhagen und Edinburgh ein. Während des Zweiten Weltkrieges lebte die Pädagogin in Indien, wo man besonders großes Interesse an ihrer Methode zeigte. Erst 1949 kehrte sie endgültig nach Europa zurück. 1951 fand der achte Montessori-Kongress, der letzte zu ihren Lebzeiten, in London statt. Im Jahr darauf starb die 81-jährige Erfinderin einer weltweit verbreiteten, überzeugenden neuen Vorschulerziehung in Nordwijk aan Zee/Holland. – Hätte Dr. Itard schon ihre Methode und ihre Sinnesmaterialien zur Verfügung gehabt – wer weiß, vielleicht hätte Victor von ihm das Sprechen gelernt.

Nicht nur die Methode, auch die Frau Montessori rief in aller Welt Bewunderung und Dankbarkeit hervor. Während des 8. Internationalen Montessori-Kongresses in Italien, 1949

Beim täglichen Abwasch

Agnes Pockels
und die Schieberrinne

Wir kennen ihn alle: den Wasserläufer.

Das zierliche Insekt ist, wie der Name schon sagt, im Stande, auf einer Wasseroberfläche herumzulaufen. Sänke es ein, wäre es verloren. Auf dem Wasser muss also eine Art Membran existieren, die das Tierchen trägt. Die Wissenschaft spricht von Oberflächenspannung.

Heute kümmert sich die Kolloidchemie um das komplizierte und anwendungsnahe Gebiet der so genannten Grenzflächenphänomene. Dabei geht es weniger darum, den Wasserläufer zu schützen, als herauszufinden, wie Flüssigkeiten reagieren, wenn man Gegenstände in sie einlässt, wenn man sie mischt, verunreinigt oder sonst wie verändert. Die Pharmazie, die Kosmetik- und Reinigungsmittelindustrie sind auf die Ergebnisse der Kolloidchemie angewiesen. Die Anfänge dieser Wissenschaft führen uns zurück ins 19. Jahrhundert. Damals beobachtete manch neugieriger Mensch staunend, wie sich an der Öffnung eines Brunnenhahnes ein Wassertropfen bildete, seine Form fand, fiel und platzte, und er fragte sich, nach welchen physikalischen Gesetzen diese Vorgänge abliefen. So ein Mensch war Agnes Pockels.

Sie hatte 1862 in Venedig das Licht der Welt erblickt; ihr Vater, ein Offizier bei der österreichischen Armee, war dort stationiert. Drei Jahre später wurde Bruder Friedrich geboren. In Norditalien grassierte damals die Malaria. Es ist möglich, dass die Familie Pockels infiziert wurde, denn die Gesundheit insbesondere der Eltern Pockels war von da an instabil. Der Vater musste 1871 seinen Abschied einreichen; er zog mit seiner Familie nach Braunschweig. Agnes besuchte dort die höhere Töchterschule.

Vorhergehende Doppelseite: Eine naturwissenschaftliche Hochbegabung wurde einst bei Frauen weder erwartet noch gefördert. Agnes Pockels beobachtete und erfand dennoch: hundert Prozent »self-made«

»Habe anomales Verhalten der Wasseroberfläche entdeckt«.

Ihr Interesse an Physik war äußerst lebhaft. Leider gehörte dieses Fach nicht zum Lehrplan einer Mädchenschule, und so musste Agnes Friedrich bitten, ihr Bücher zu beschaffen, mit deren Hilfe sie sich als Autodidaktin Grundkenntnisse der Chemie und der Physik aneignete. Ein Universitätsstudium war für Agnes von vornherein ausgeschlossen: Mädchen waren nicht zugelassen. Friedrich, auch er hoch begabt in den Naturwissenschaften, begann ein Studium der Physik und promovierte später mit der Arbeit »Über den Einfluss elastischer Deformation, speziell einseitigen Drucks, auf das optische Verhalten kristalliner Körper«. Er konnte seine Schwester nun auch mit Forschungsliteratur und naturwissenschaftlichen Zeitschriften versorgen. Später wurde er Professor für theoretische Physik in Heidelberg, und die beiden führten ein Leben lang einen intensiven Austausch über naturwissenschaftliche Themen.

Agnes las nicht nur, sie experimentierte auch. »Beim täglichen Abwasch«, so berichtet Friedrichs Ehefrau Elisabeth Pockels, beobachtete Agnes, wie sich das Verhalten der Wasseroberfläche veränderte, je nachdem, welche Reinigungsmittel sie benutzte oder welche Arten von Schmutz in das Wasser gelangten. Sie führte anschließend ganze Versuchsreihen durch, um Gesetzmäßigkeiten festzustellen, und notierte die Ergebnisse in einem Büchlein, das sie »Lebensereignisse« nannte. 1880 hieß es: »Habe anomales Verhalten der Wasseroberfläche entdeckt«. Um ihre Forschungen voranzubringen, musste Pockels in reines Wasser Objekte einführen und dann die Qualität des entstehenden Oberflächenfilms, also dessen Ausdehnung und Dicke, messen. Um dies zu bewerkstelligen, konstruierte sie eine Apparatur von sieben Zentimetern Länge, fünf Zentimetern Breite und zwei Zentimetern Höhe, bestehend aus Weißblech und einfachen Gegenständen, die sie in der Wohnung fand. Sie nannte das Gerät »Schieberrinne« und notierte 1882: »Habe Schieberrinne erfunden.«

> »Habe Schieberrinne erfunden.«

Agnes Pockels entwickelte ihre Erfindungen aus der alltäglichen Anschauung und Beobachtung. Ohne sie wäre die Kolloidchemie nicht da, wo sie jetzt ist

Und so beschrieb sie ihr Messinstrument: »Der Waagebalken ist aus Holz geschnitten, sehr dünn und leicht und von einer Nadel als Arm durchbohrt. Der rechte Arm, 130 mm lang, ist mit einer Millimeterscala versehen, an dem linken 50 mm langen Arm hängt an einem Seidenfaden mit feinem Draht befestigt die Scheibe, welche offen gesagt ein kleiner Porzellanknopf ist. An einer anderen Waage habe ich statt dessen einen feinen Drahtring befestigt, um Körper von verschiedener Gestalt zu vergleichen.«

Die Schieberrinne wurde nach Bekanntwerden lange Zeit zur Messung der Oberflächenspannung verwendet und zu Ehren der Erfinderin »Pockel'scher Trog« genannt. Der amerikanische Chemiker Irving Langmuir entwickelte den Pockel'schen Trog weiter zur Langmuir'schen Waage, die heute noch in Gebrauch ist. Als Langmuir 1932 den Nobelpreis erhielt, hieß es in einer Würdigung: »Er

(Langmuir) baute auf den originellen Experimenten auf, die einst mit der so genannten Schieberrinne durchgeführt worden waren – und zwar von einem 18-jährigen Mädchen, das keinerlei formale wissenschaftliche Ausbildung genossen hatte.«

Irving Langmuir, amerikanischer Astrophysiker und Nobelpreisträger für Chemie, 1932

Als die Universitäten endlich auch für Studentinnen geöffnet wurden, hätte sich Agnes gern für Physik eingeschrieben. Aber die kränkelnden Eltern bestanden darauf, dass ihre unverheiratete Tochter als Haushälterin und Krankenpflegerin daheimblieb. Agnes fügte sich, forschte aber weiter. Ihr Bruder war es, der ihr 1891 den Rat gab, ihre Ergebnisse, die bislang niemand außer ihm zu Gesicht bekommen hatte, dem englischen Physiker John William Stritt, Baron von Rayleigh, zuzusenden, der sich ebenfalls mit Grenzflächenphänomenen beschäftigte. Dies tat sie. In ihrem Anschreiben hieß es: »... direkt veröffentlichen konnte ich meine Ergebnisse nicht, teils weil die hiesigen Zeitschriften wohl von einer Dame nichts angenommen haben würden, teils weil ich nicht genügend von den Arbeiten anderer über denselben Gegenstand unterrichtet war.« Und sie fügte hinzu: »Ich überlasse es ganz und gar Ihnen, über meine kleine Arbeit zu verfügen und von meinen Mitteilungen beliebigen Gebrauch zu machen.« Der Baron, der die Bedeutung ihrer Experimente und ihrer Erfindung sofort begriff, sorgte dafür, dass ihr zwölf Seiten langer Brief in der Zeitschrift »Nature« veröffentlicht wurde. Er schrieb an die Redaktion: »Ich wäre Ihnen sehr verbunden, wenn Sie für den anliegenden interessanten Brief Platz frei machen könnten. Er stammt von einer deutschen Dame, die mit einfachen häuslichen Mitteln sehr wertvolle Resultate erzielt hat bezüglich des Verhaltens von kontaminierten Wasseroberflächen.« Agnes Pockels hatte zuvor deutsche Universitäten angeschrieben, darunter Göttingen, um zu erreichen, dass man ihre Entdeckungen zur Kenntnis nähme, aber alle Briefe waren unbeantwortet geblieben. Dank Baron von Rayleigh traf sie nun endlich auf Resonanz in der Welt der Wissenschaft.

Das gab ihr neuen Mut. Mit der typischen Pockel'schen Gründlichkeit untersuchte sie die Oberflächenkräfte monomolekularer Filme, ferner die Adhäsion (= die Neigung, an etwas zu haften) verschiedener Flüssigkeiten an Glas sowie Grenzflächenspannungen von Emulsionen. Es gelang ihr noch eine weitere Neuerung: Sie veröffentlichte das erste Schub-Flächendiagramm von Stearinsäure, die als Zusatzstoff in der Pharmazie und bei Lebensmitteln Verwendung findet.

Sie musste sich erst daran gewöhnen, aber mit ihrer Isolation war es jetzt vorbei. Sie publizierte in der »Naturwissenschaftlichen Rundschau« und in den »Annalen der Physik« und wurde zu Vorträgen eingeladen. Diese schöne Zeit des Erfolges und der Resonanz endete, als in den Jahren vor dem Ersten Weltkrieg ihre Angehörigen starben: die Eltern und Bruder Friedrich. Friedrich war als Physiker bekannt geworden, der so genannte Pockels-Effekt im elektrostatischen Feld geht auf seine Forschung zurück. Sein Verlust – die Geschwister hatten sich stets wechselseitig über ihre Arbeiten informiert – war für Agnes kaum zu verkraften. Als dann noch der Krieg ausbrach und der internationale Austausch in Sachen Forschung jäh unterbrochen wurde, versagte Agnes' forscherische Vitalität. Sie wandte sich philosophischen Fragen zu und dachte über die Voraussetzungen des Friedens nach. Ihre Hoffnung war, »... dass Vernunft und Güte bei allen Völkern gleichzeitig zum Durchbruch kommen mögen«.

Der alten Dame wurden Anerkennungen zuteil, die schon der unerschrockenen Amateurin gebührt hätten. 1932 erkannte ihr die Deutsche Kolloid-Gesellschaft den Laura-Leonard-Preis zu für die »quantitative Erforschung der Eigenschaften von Grenzschichten und Grenzschichtfilmen«. Und an ihrem 70. Geburtstag, dreieinhalb Jahre vor ihrem Tod, erhielt sie die Ehrendoktorwürde der Universität Braunschweig. Seit 1993 vergibt diese Universität die Agnes-Pockels-Medaille für die Förderung von Forschung und Lehre, insbesondere für und durch Frauen.

»Ich überlasse es ganz und gar Ihnen, über meine kleine Arbeit zu verfügen und von meinen Mitteilungen beliebigen Gebrauch zu machen.«

Die zeitgenössische Abbildung zeigt den britischen Physiker John William Strutt, seit 1873 Lord Rayleigh, der 1904 den Nobelpreis für Physik erhielt, gemalt von George Reid

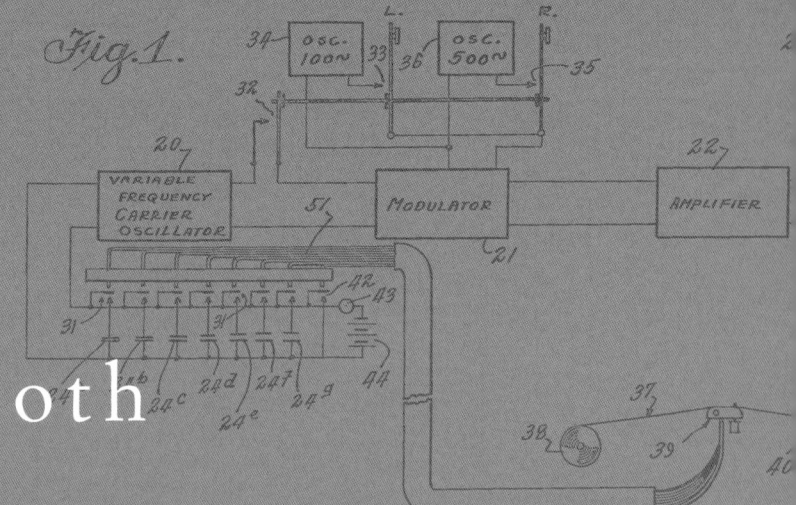

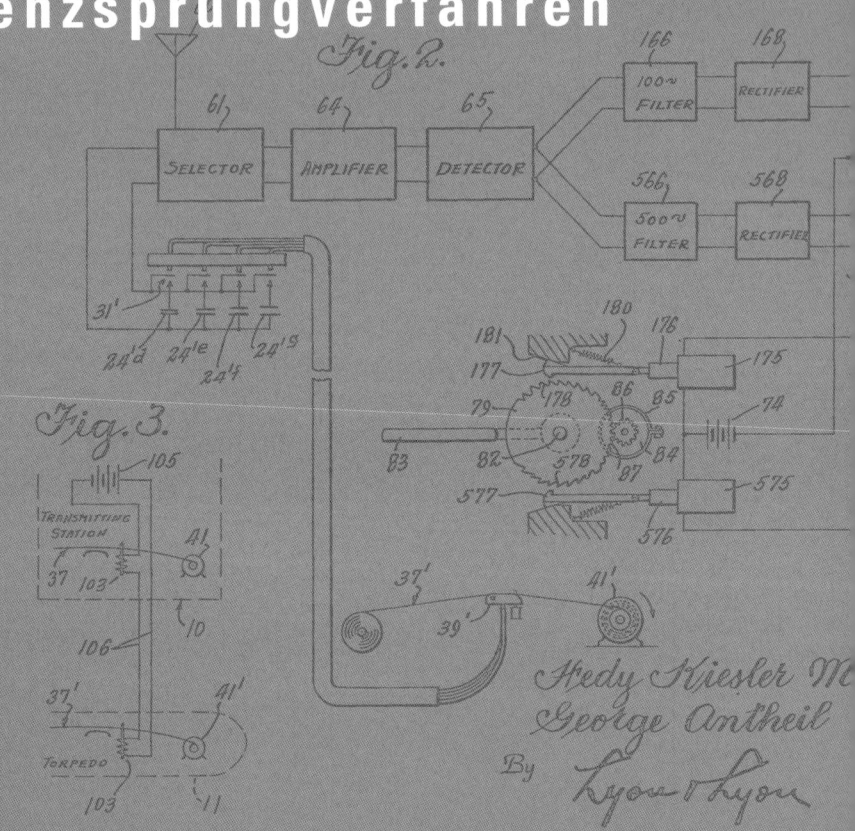

Lady Bluetooth
Hedy Lamarr
und das Frequenzsprungverfahren

Wien 2005. Wir befinden uns im Bundeskanzleramt. Hier wird heuer Politik der besonderen Art gemacht: Ein Preis wird verliehen, der »Hedy-Lamarr-Preis« für »besondere Leistungen von Frauen auf dem Gebiet der Nachrichtentechnik«. Er geht an Ulla Birnbacher vom Institut für Kommunikationsnetze und Satellitenkommunikation der Uni Graz. Dankbar nimmt Frau Birnbacher die Auszeichnung entgegen.

Die Zeitungsleser reiben sich die Augen. Hedy Lamarr? Nachrichtentechnik? Wie passt das zusammen? Die Älteren erinnern sich dunkel: Hedy Lamarr war ein Hollywoodstar der 1930er und -40er Jahre. Sie galt als schönste Frau der Welt. Aber was um Himmels Willen hatte sie mit Nachrichtentechnik zu tun?

Vorhergehende Doppelseite:
Eine Hollywood-Diva,
die sich für Funksteuerung
von Torpedos interessiert –
das war sogar für Holly-
wood zu viel. 1940

Hedwig Kiesler, 1914 in Wien geboren, war die Tochter eines jüdischen Bankiers. Sie wurde Schauspielerin, studierte bei Max Reinhardt in Berlin. Ihre erste Filmrolle bekam sie in der deutsch-österreichischen Produktion »Geld auf der Straße« (1930). Ein großer Erfolg wurde »Ekstase« (1933), in dem Hedy Kiesler nackt zu sehen war – als erste Frau in der Geschichte des Films. Es gab einen Skandal, aber auch großes Interesse an der Wiener Schönheit. Doch Hedy kam nicht dazu, ihren Ruhm zu genießen, denn sie hatte jüngst geheiratet, und ihr Gatte, der Waffenfabrikant Fritz Mandl, wollte nicht, dass seine Frau auf der Leinwand zu sehen war. Er versuchte, sämtliche Kopien von »Ekstase« aufzukaufen. Und er nötigte Hedy, den jüdischen Glauben aufzugeben und zum Katholizismus überzutreten. Er gängelte sie. Was Herr Mandl indessen kaum verhindern konnte, war, dass seine Frau die Ohren spitzte, wenn er mit Kunden, Klienten und wissenschaftlichen Kapazitäten zusammensaß und über Waffensysteme sprach. Wahrscheinlich dachte er: Die Hedy versteht eh nichts. Doch die hatte sehr wohl begriffen, dass es in den Gesprächen um Probleme mit der Lenkung von Torpedos ging. Und sie hatte mitbekommen, dass Deutschland erneut einen Krieg vorbereitete, dass die Nazis die Juden bedrohten und ihr Mann trotzdem mit ihnen Geschäfte machte. Das waren genug Gründe für die selbstbewusste Hedy, ihre Ehe und ihr Heimatland aufzugeben. Sie setzte sich nach Paris ab und ging von dort nach London. Hier traf sie den MGM-Gewaltigen Louis B. Mayer. Der sah in Hedy seinen neuen Star, gab ihr den Künstlernamen Lamarr und einen langfristigen Vertrag und nahm sie mit nach Hollywood. 1938 debütierte sie dort an der Seite von Charles Boyer in »Algiers«. Der Erfolg machte sie wohlhabend. Sie heiratete erneut, einen Filmproduzenten, adoptierte mit ihm einen Sohn und führte ein gastliches Haus.

> **Sie galt als schönste Frau der Welt. Aber was um Himmels Willen hatte sie mit Nachrichtentechnik zu tun?**

Einer ihrer Gäste war ihr Nachbar, der Avantgarde-Komponist George Antheil. Der erzählte Hedy von seiner Schöpfung »Ballett für sechzehn mechanische Klaviere, Sirene und Flugzeugpropeller« und seinem Problem, die Klaviere, deren Steuerung nicht leicht zu bewerkstelligen war, zu synchronisieren. Hedy kannte das Problem mit der Steuerung, nur war es ihr in einem anderen Kontext begegnet. »Sie sehen so nachdenklich aus, Miss Lamarr«, wird Antheil zu ihr gesagt haben. Und ihre Antwort mag gewesen sein: »Benutzen Sie Lochstreifen für die Synchronisation?« Bald darauf fand sich Hedy im Antheil'schen Haus ein, um dort mit ihrem Nachbarn über mechanische Klaviere und Lochstreifentechnik auf ein ganz anderes und doch verwandtes Thema zu kommen: die Steuerung von Torpedos. Hedy wusste ja, dass es hier noch Forschungsbedarf gab.

Leider ist nicht bekannt, über welche Schritte die beiden nach monatelanger Tüftelei zu ihrer bahnbrechenden Erfindung, die heute als Frequency Hopping Spread Spectrum oder Frequenzsprungverfahren bekannt ist, vorgestoßen sind. Als herauskam, dass Hedy Lamarr auf diesem Gebiet experimentierte, wurde sie von den Studio-Bossen dazu verdonnert, ihr bizarres Hobby zu verschweigen, denn es passte so gar nicht zum Image der Leinwandgöttin, mit dem sie und das Studio ihr Geld verdienten. Hedy gehorchte; sie hielt den Mund, tüftelte aber weiter. Schließlich ersannen sie und Antheil ein System, das Torpedos sowohl zielgenauer machen als auch verhindern sollte, dass der Funkverkehr zwischen Sender und Empfänger, also zwischen Schiff und abgeschossener Waffe, dem Torpedo, vom Feind gestört werden konnte. Der Grundgedanke dabei war das Channel-Hopping, das Frequenzsprungverfahren. Durch synchrone Frequenzwechsel wurde die feindliche Kontrolle des Funkverkehrs unmöglich gemacht.

Lamarr und Antheil arbeiteten mit 88 Kanälen – das entspricht der Anzahl der Tasten eines Klaviers.

Erfinderin und Erfinder präsentierten ihr Konzept – Schweigegebot seitens der MGM hin oder her – im Jahre 1940 dem nationalen Erfinderrat. Dessen Vorsitzender, Forschungsdirektor bei General Motors, schlug die Patentierung vor. Am 11. August 1942 wurde das Patent vom Amt bewilligt und eingetragen.

> **Hedy Lamarr wurde von den Studio-Bossen dazu verdonnert, ihr bizarres Hobby zu verschweigen, denn es passte so gar nicht zum Image der Leinwandgöttin.**

Hedy Lamarr hatte inzwischen mit Spencer Tracy und Clark Gable gedreht, das Publikum vergötterte sie. Allerdings bewies sie bei der Auswahl ihrer Rollen keine glückliche Hand. Die Hauptrollen in »Casablanca« und »Gaslicht« lehnte sie ab – und verhalf so unwillentlich ihrer Konkurrentin Ingrid Bergman zum Durchbruch. Auch im Privatleben lief es nicht gut für sie; die Ehe mit dem Produzenten zerbrach. Sie heiratete ihren Kollegen John Loder. Mit ihm bekam sie zwei Kinder. Sohn Anthony Loder drehte 2004 einen Erinnerungsfilm (Regie: Georg Misch) mit dem Titel: »Calling Hedy Lamarr«.

Der größte Erfolg, den die Diva in Hollywood errang, wurde »Samson und Delilah«, ein Historiendrama von 1949, in dem sie an der Seite von Victor Mature glänzte. Altmeister Cecil B. de Mille führte Regie. Komiker Groucho Marx soll nach der Premiere

gesagt haben, er möge keine Filme, in denen der männliche Star größere Brüste habe als der weibliche. Damit hatte er einen wunden Punkt getroffen. Die 50er Jahre zogen herauf und mit ihnen Leinwand-Heroinen, die sich durch enorme Oberweiten, damals so genannte »Atombusen«, auszeichneten. Lamarr gehörte dem zierlichen Typus der 30er und 40er Jahre an, ihre Zeit war abgelaufen. Sie drehte noch ein paar Filme, trennte sich von Loder, heiratete noch drei Mal – ein Comeback gab es nicht mehr für sie.

In dieser schwierigen Zeit fragte sie sich manchmal, was wohl aus dem Frequenzsprungverfahren geworden sei. Sie und Antheil hatten es während des Zweiten Weltkriegs entwickelt und erwartet, dass das Militär sich dafür interessiere. Doch dort übersah man das Patent mit der Nr. US2292387. Der Grund ist nicht ganz klar. Es mag sein, dass man der Erfindung eines exzentrischen Komponisten und einer europäischen Filmdiva vorab misstraute. Es kann aber auch sein, dass das Patent beziehungsweise das in ihm beschriebene Verfahren noch nicht reif für die Anwendung war.

Sicher ist, dass in den Nachkriegsjahren und verstärkt gegen Ende des Jahrhunderts, als Elektronik und Mobilfunk ihren Siegeszug antraten, das Frequenzsprungverfahren unentbehrlich wurde. Der Lochstreifen hatte jetzt ausgedient, synchronisiert wurde elektronisch. Der rasche synchrone Wechsel des Sprech-funkverkehrs auf immer neue Frequenzen machte Nachrichten abhörsicher; wäh-rend der Kuba-Krise stützten sich beide Seiten auf diese Technik. – Antheil war 1959 verstorben, zur selben Zeit lief das Patent Nr. US2292387 ab; junge Ingeni-eure machten sich die Grundidee zunutze, ohne zu wissen und wissen zu wollen, von wem sie eigentlich stammte.

Heute ist das Frequency-Hopping auch im zivilen Funkverkehr verbreitet, es ist wichtige Voraussetzung für den Nahbereichsfunk wie zum Beispiel bei dem in Holland entwickelten Bluetooth, dem wir kabelfreie Telefone verdanken. Der schnelle Kanalwechsel gestattet es auch, mehr Daten pro Zeiteinheit zu transfe-rieren. Diese »aufgespreizten«, also verbreiterten Frequenzbänder kommen in den Local Area Networks, den LAN-Bereichen, zum Einsatz. Die Anfänge vom Siegeszug ihrer Idee bekam Lamarr, die im Jahre 2000 starb, durchaus noch mit.

Sie ging nach dem Ende ihrer Karriere nach Florida, wo sie sehr zurückgezo-gen lebte und nur noch per Telefon mit der Außenwelt in Kontakt trat. Weder das Kinopublikum noch die Welt der Nachrichtentechnik gönnten der vielseitigen Frau den verdienten Nachruhm. Im Jahre 1997 immerhin, drei Jahre vor ihrem Tod, besann man sich auf sie. Die Electronic Frontier Foundation in den USA verlieh ihr einen Preis in Anerkennung ihrer Verdienste. »Das wurde auch Zeit«, hat sie gesagt.

Und die Zeit arbeitet weiter für sie. Nach der Stiftung und Verleihung des Hedy-Lamarr-Preises in Wien öffneten die Österreicher der entflohenen Tochter ihr Herz und nennen sie jetzt respektvoll »Lady Bluetooth«. In Deutschland begeht man den »Tag des Erfinders« am 9. November. Das ist der Geburtstag von Hedy Lamarr.

Der Kolossalfilm »Samson und Delilah« mit Hedy Lamarr in der weiblichen Hauptrolle gewann 1951 einen »Golden Globe« für die Kamera. Hier ist sie mit ihrem Kollegen Victor Mature zu sehen

Ein weniger glamouröser Moment in Hedy Lamarrs Leben zeigt sie bei einer Pressekonferenz nach ihrer Verhaftung wegen Laden-diebstahls im Jahre 1966

Unterwegs zum Jupiter

Martine Kempf
und die Katalavox

»Ich bin kein Genie. Manchmal fällt mir das Lernen einfach leichter als anderen Menschen. Mein Traum ist es, zum Mars zu reisen. Immerhin ist mein Name Martine, vielleicht komme ich ja von dort.«

Martine Kempf wurde 1959 bei Straßburg geboren. Sie interessiert sich zwar sehr für Himmelskörper und ist auch schon weit gereist, aber aufgewachsen ist sie in der Grenzregion zwischen Frankreich und Deutschland, in Elsass-Lothringen. Nach Kalifornien, ins Silicon Valley, brach sie auf, um nach den Sternen zu greifen. Und das ist ihr gelungen.

Das Frauenwunder, wie sie in den Staaten tatsächlich genannt wird, spielt Geige, Klavier und Fagott, spricht drei Sprachen fließend und steuert ihr eigenes Flugzeug. Sie hat Waldorfschulen in Deutschland und Frankreich besucht und ihr Abitur in der französischen Schule in Athen bestanden. 1982, da war Martine gerade mal 23 Jahre alt, schrieb sie auf ihrem Macintosh-Rechner ein Spracherkennungsprogramm, das eine Maschinensteuerung allein durch die menschliche Stimme ermöglicht. Die Software wandelt gesprochene Befehle in Steuerungsimpulse um und kann auf diese Weise einen Rollstuhl in jede gewünschte Richtung bewegen. Und körperbehinderte Menschen können auf diese Weise sogar ganz normale Autos fahren. Das wichtigste Anwendungsfeld ist jedoch die Mikrochirurgie, wo die Operateure mit bis zu dreißigfach vergrößernden Lichtmikroskopen arbeiten. Damit sie ihre Tätigkeit freihändig ausüben können, werden die Vergößerungsgeräte mittels sprachlicher Anweisungen fein justiert.

> **»Mein Traum ist es, zum Mars zu reisen. Immerhin ist mein Name Martine, vielleicht komme ich ja von dort.«**

Dieses Programm entwickelte Kempf nebenbei, während ihres Studiums der Astronomie in Bonn. Ihr Wissen darüber hatte sie sich selbst angeeignet. Sie las alle Bücher und wissenschaftlichen Fachzeitschriften, die irgendwie mit dem Thema zusammenhingen. Auf den ersten Blick scheint ihre Erfindung – sie nennt sie Katalavox, von neugriechisch »katal« für verstehen und lateinisch »vox« für Stimme – aus dem Nichts zu kommen, doch es gibt einen Anlass, eine Vorgeschichte.

Martines Vater Jean-Pierre, ein Ingenieur, war mit zwei Jahren an Kinderlähmung erkrankt und daher stark gehbehindert. Um dennoch am täglichen Leben teilnehmen zu können, hatte er sein Kraftfahrzeug so umgebaut, dass sämtliche Funktionen mit den Händen ausführbar waren. Dieser Aufgabe widmete er sein Leben. 1954 erfand er den Gasring, ein Bedienelement am Lenkrad, das die

Rollstühle gibt es seit über 3000 Jahren. Martine Kempf präsentiert hier den ersten sprachgesteuerten Krankenfahrstuhl Katalavox. 1985

Beschleunigung regelt. Bald wollten auch andere Körperbehinderte, Bekannte und Freunde, ein auf diese Weise umgestaltetes Vehikel besitzen. Es lohnte sich also, eine Fabrik zu errichten, die solche Umbauten in Serie ermöglichte – einen Markt gab es. In einer Garage in Frankreich wurde das Unternehmen gegründet, und bald nach Beginn der Fertigung avancierte es schneller als gedacht zum Marktführer. Zunächst war der Gasring noch ein mechanischer Apparat, der mittels Röhre durch das Steuerrad hindurch auf das Gaspedal drückte. Als die Zeit der Airbags begann, mutierte er zu einem elektronischen Bauteil, das heute überwiegend digital angesteuert wird. Jean-Pierre Kempf starb 2002, der Gasring hatte sich bis dahin über 100 000 Mal verkauft, er wurde zum Standard für Autos körperbehinderter Menschen überall in Europa. – Aber nun zurück zu Martine.

Vaters Tochter wächst in einer Atmosphäre des Probierens und Tüftelns auf. Systematisches Durchdenken von Problemen mit dazugehörenden Versuchsreihen, wie es sich für Ingenieure gehört – das war für sie selbstverständlich. Auf die Idee zur Entwicklung einer Sprachsteuerung kam sie aber nicht nur wegen der Behinderung ihres Vaters. Ihr und ihren beiden Brüdern »hat der Vater stets gesagt, dass er seine Firma nicht ausschließlich deshalb gegründet hat, um damit Geld zu verdienen. Sein Leitmotiv war: Wir machen etwas, weil es hilft.« Martine begegnet schwerstbehinderten Jugendlichen, die in den 1960er Jahren geboren waren und deren Mütter das Schlafmittel Contergan eingenommen hatten. Ihnen war es nicht möglich, einen gewöhnlichen Rollstuhl zu manövrieren. Die Idee, die menschliche Stimme zur Steuerung einzusetzen, lag in der Luft. Doch die Umsetzung war nicht einfach. Die Computerwissenschaft machte ihre ersten großen Fortschritte, und Rechner waren erst seit wenigen Jahren auch für den Normalverbraucher erschwinglich. Die Entwicklung von Katalavox war für Martine Kempf nur möglich, weil sie Zugang zu dieser Technik besaß.

Der Technologiekonzern Siemens und das Bundesministerium für Forschung und Technologie wurden auf die junge Erfinderin aufmerksam, unterstützten sie und boten ihr eine Kooperation an. 1984 erhielt Martine eine Einladung nach Japan, um ihre erstaunliche Erfindung auf einer Industriemesse vorzustellen. Dazu hatte man ein Fahrzeug der Firma Daimler-Benz, das bereits für körperbehinderte Kraftfahrerinnen umgerüstet worden war, mit Katalavox bestückt. Etwa fünfzig elektrische Funktionen konnten mittels Sprache ausgeführt werden, darunter so komplexe Vorgänge wie das Öffnen einer Tür, die Justierung von Radio, Fahrersitz, Lenkrad und Seitenspiegel, die Wahl des Scheibenwischerintervalls, Einstellung der Automatik, Betätigung von Licht, Signalhorn oder Blinker.

Der Messeauftritt wurde ein durchschlagender Erfolg, von überall her erreichten Kempf Aufmerksamkeit und Ehrungen. Behindertenverbände verliehen ihr Preise, der französische Staat den Prix Grand Siècle Laurent Perrier – damit stand sie in einer Reihe mit Jacques Cousteau und Lord Mountbatten. Dennoch: Für die Eröffnung eines Unternehmens musste sie investieren. Martine war so enthusiastisch, dass sie ihre Erfindung sogar dem Präsidenten Frankreichs, François Mitterrand, vorführte – in der Hoffnung auf finanzielle Unterstützung. Der war auch begeistert, doch das half wenig. Die bürokratischen Hürden in Frankreich, wie auch in Deutschland, waren hoch. Der von Mitterrand zugesagte Gründungskredit zur Vermarktung von Katalavox in Höhe von 100 000 Dollar wurde nicht bewilligt, so dass die junge Erfinderin schließlich entnervt beschloss, ihre Zelte in Frankreich abzubrechen und in die USA zu gehen. Hier waren die Aussichten weit besser. »Das ist es, was ich das Land der Möglichkeiten nenne. Es ist fantastisch, das kriegt man wahrscheinlich nirgendwo sonst auf der Welt.« Sie hatte ihre Erfindung auch dem damaligen US-Präsidenten Reagan vorgeführt, indem sie ihm eine stimmgesteuerte Spielzeugeisenbahn zum Geburtstag schenkte. Der war so entzückt, dass er persönlich ihre Immigration auf den Weg brachte.

»Das ist es, was ich das Land der Möglichkeiten nenne. Es ist fantastisch, das kriegt man wahrscheinlich nirgendwo sonst auf der Welt.«

Martines Enttäuschung über das mangelnde Entgegenkommen in Europa war so groß, dass sie noch Stunden vor ihrer Abreise eine vielbeachtete Pressekonferenz abhielt, bei der sie die Gründe für ihren Aufbruch darlegte. Im Herbst des Jahres 1985 zog sie in die Vereinigten Staaten, genauer: ins kalifornische Silicon Valley, das Herz der Hightech-Ökonomie. Im Zentrum dieser Region südlich von San Francisco liegt Sunnyvale, dort gründete Kempf ihr eigenes Unternehmen – Kempf-Katalavox. Kerngeschäft ist die Ausrüstung von Automobilen mit ihrer Spracherkennungssoftware. Innerhalb eines Jahres verkaufte der junge Betrieb sein Produkt in alle Welt. Die kleine schwarze Technikkiste misst 25 mal zehn Zentimeter und wiegt gut zwei Kilo. Der Anwender trainiert die Computerbox, indem er Befehle wie »größer«, »kleiner«, »rechts«, »links« mehrmals wiederholt. Der Rechner lernt Stimme und Betonung kennen und merkt sie sich; er wird auf sie geeicht. Das System reagiert verlässlich und schnell, innerhalb einer Tausendstel Sekunde, auf eine gesprochene Anweisung. Neben den genannten Anwendungsgebieten prüft die NASA, ob das System auch die Kameras im Spaceshuttle zu steuern vermag. Autobauer sondieren, ob Katalavox am Fließband von Nutzen sein oder ein Fahrzeug mittels Mobiltelefon lenken könnte.

Martine Kempf ist nach eigener Aussage ein asketischer Workaholic. In Sunnyvale bewohnt sie eine Einzimmerwohnung, vier Stunden Schlaf reichen ihr. Ehrgeizig verfolgt sie ihre andere große Leidenschaft, die Astronomie. Das Labor für Antriebssysteme in Pasadena hat es ihr angetan. »Hier plant man, unbemannte Satelliten zum Jupiter, Saturn und Uranus zu senden. Vielleicht wird man eines Tages diese Flugkörper mit Menschen losschicken.« Sie wäre gern dabei.

Vor einigen Jahren ist Martine Kempf nur knapp dem Tod durch eine Lebensmittelvergiftung entronnen. Sie schwor daraufhin, dass sie keinen Tag ihres Lebens mehr mit Nichtstun verbringen werde. »Ich will alles lernen, was ich kann, und etwas für andere Menschen tun.« Auf Erden hat sie sich schon verewigt. Bereits 1987 wurde in ihrer Heimatstadt Dossenheim-Kochersberg eine Straße nach ihr benannt – die »Rue Martine Kempf«.

»Ich will alles lernen, was ich kann, und etwas für andere Menschen tun.«

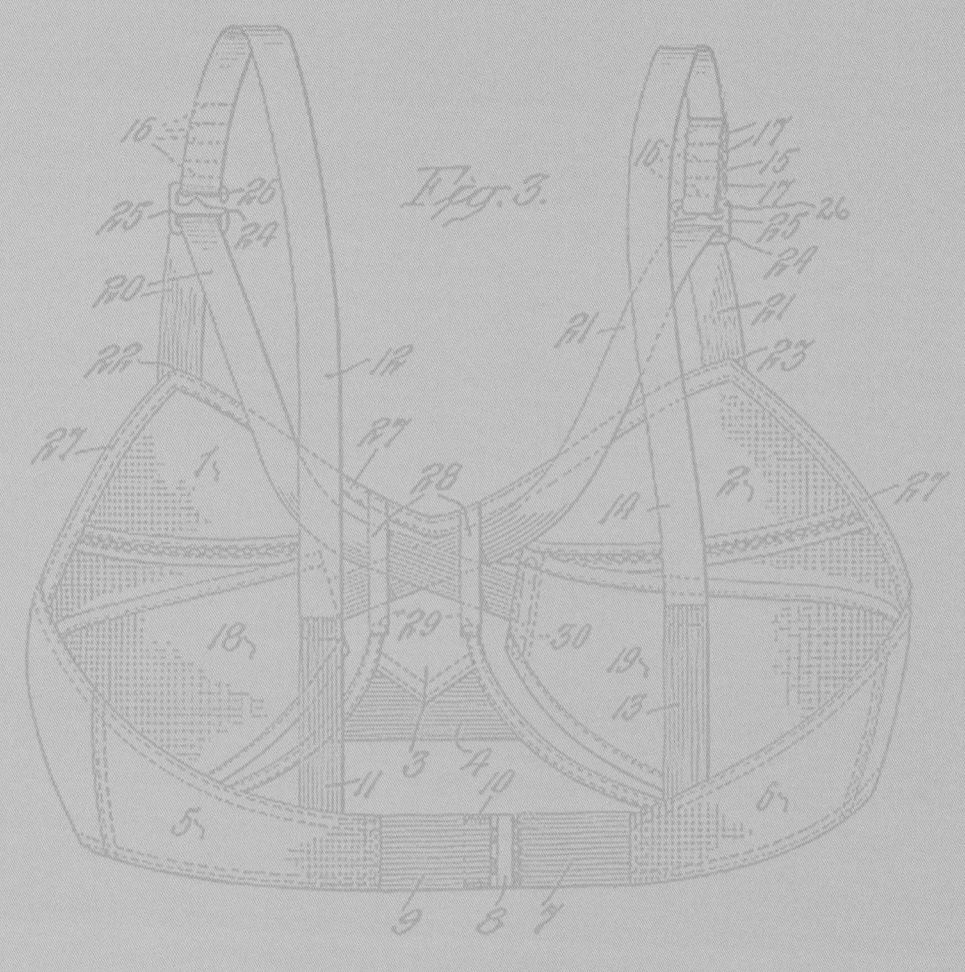

Why fight nature?

Ida Rosenthal
und die Maidenform

In den 1920er Jahren oder kurz davor erhielten die Frauen in vielen Staaten der westlichen Welt das Wahlrecht. »Erhielten« ist nicht ganz richtig, denn sie hatten lange darum gekämpft. Auch die Universitäten öffneten sich den Studentinnen, »Frauenbildung« war kein Unwort mehr – und mit diesem Emanzipationsschub änderte sich auch das weibliche Erscheinungsbild. Das Korsett verschwand ebenso wie der gepolsterte Po, der bodenlange Rock und die komplizierte Hochfrisur. Die Frau der »Roaring Twenties« trug kniekurze Kleider, sportliches Schuhwerk und Bubikopf. Nur eine Partie war von der Emanzipation noch ausgenommen: der Busen.

In Mode war der »boyish look«, die knabenhafte Linie, weltweit propagiert durch den »Flapper«, die freche, selbstbewusste Mädchen- und Frauenfigur aus dem amerikanischen Kino jener Zeit. Um die Brust schlang der Flapper ein »Bandeau«, eine Art Schal, der die Oberweite plattdrückte und sie möglichst zum Verschwinden bringen sollte. Aber, dachte sich eine US-Immigrantin aus Russland, die den Ideen der Emanzipation aufgeschlossen gegenüberstand, ist denn diese Praktik des Busen-Wegdrückens nicht nur für einen gewissen Prozentsatz der Frauen durchführbar? Ein großer Busen lässt sich nicht zum Verschwinden bringen, und wenn es doch versucht wird, sieht es unschön aus. »Why fight nature?« Emanzipation und ein sichtlich voller Busen müssten zu vereinbaren sein.

Die Frau, die so dachte, hieß Ida Rosenthal. Sie wurde 1886 als Ida Kaganovich in der Nähe von Kiew geboren; der Vater war ein jüdischer Gelehrter, die Mutter führte einen Laden. Ida war ein fortschrittlich denkendes junges Mädchen und von der Idee der Gleichheit der Geschlechter angetan. Was sie ferner auszeichnete, war ihr Schönheitssinn. Als ihr Freund William Rosenthal, der ungewöhnlich gut aussah, nach Amerika auswanderte, entschloss sie sich, ihm zu folgen. Die beiden heirateten 1907 in der Neuen Welt. Ida begann als Näherin im Modegeschäft einer gewissen Enid Bisset, mit der sie sich so gut verstand, dass sie zu deren Partnerin aufstieg. Und im Jahre 1920 kamen die beiden Frauen auf eine Idee, die ihr Leben und das weibliche Erscheinungsbild gründlich verändern sollte. Sie wollten mit einer Neuheit auf dem New Yorker Textilmarkt auftreten und Kleider mit eingearbeitetem formenden Büstenteil anbieten. Idas Mann William war auch mit dabei.

»Why fight
nature?«
Emanzipation
und ein sicht-
lich voller
Busen müssten
zu vereinbaren
sein.

Mode der Zeit. USA, 1920

Immer noch erfüllt von der Überzeugung, dass die Selbständigkeit der modernen Frau nicht mit der Verleugnung ihrer natürlichen Formen erkauft werden dürfte, entwickelte Ida ein Modell mit zwei »cups« = Körbchen, die durch einen Steg verbunden und in das Vorderteil eines Kleides einzuarbeiten waren. Diese Vorform des Büstenhalters sollte dreierlei leisten: formen, stützen und – teilen. Die Formung übernahmen die Körbchen, die in einer festen Kuppelform gestaltet wurden. Die Stütze wurde einem unter den Körbchen verlaufenden und mit ihnen vernähten elastischen Band überantwortet. Und für die Teilung sorgte ein die Körbchen verbindender fester Steg. Teilung war besonders wichtig. Denn Ida Rosenthal wollte mit ihrer »brassière« (»bra« = BH) keineswegs zurück zu der eher majestätischen Silhouette, die das ausgediente Korsett gestiftet hatte. Man sieht es auf alten Fotos der vorvorigen Jahrhundertwende: Die Büste der Frau wirkt als eine einheitliche starke Wölbung ohne markierte Mitte, und so ein mächtiger Vorsprung über der Taille gab vollbusigen Frauen immer ein korpulentes Aussehen. Die Schlankheit der »Flapper«, der aktiven sportlichen Girls der 20er Jahre, gefiel auch Ida und Enid. Dahinter wollten sie nicht zurück. Und sie fanden heraus, dass ein Busen, der durch einen formenden und stützenden BH gehalten wird, dann keinen »dicken« Eindruck mehr macht, wenn er deutlich und tief geteilt ist. Selbst sehr ausladende Brüste stören dann den Gesamteindruck einer schlanken Gestalt nicht mehr. Entlang dieser drei handwerklich-ästhetischen Ziele und Zwecke – formen, stützen und teilen – entwickelte also Ida Rosenthal mit Hilfe von Enid und William den neuen »bra« und nähte ihn in ihre Kleider ein. Endlich sollten Frauen ihre natürliche »maiden form« = weibliche Linie vorzeigen und gleichwohl emanzipiert sein.

Der Erfolg war außerordentlich. Die kleine Schneiderei, 1922 in Manhattan gegründet, konnte gar nicht so schnell liefern, wie Aufträge eingingen. Alsbald aber zeigte sich, dass die Kundinnen es mehr auf den BH als auf die Kleider, in die er eingenäht war, abgesehen hatten. Ob sie das formende Teil nicht auch separat kaufen könnten, fragten sie. »Aha«, ergänzte Ida, »einen ›bra‹ einfach so, als Wäschestück?« Und sie machte sich an die Arbeit. Auf die Fabrikation der

*Formen, stützen, teilen –
ein Büstenhalter hat vielerlei
Aufgaben. 1938*

Körbchen und des teilenden Stegs verstand man sich bereits. Jetzt wurde ein Rückenteil mit Verschluss hinzugefügt. Und Träger, die von den Körbchen über die Schulter zum Rückenteil führten. Er war erfunden: der moderne BH. Im Jahre 1924 erhielt Ida ein Patent für den verstellbaren Träger. Alle Frauen kennen ihn und benutzen ihn täglich. Kein BH kommt ohne ihn aus. Aber man musste erst mal drauf kommen: auf dieses kleine, heute meist aus Plastik bestehende Ding, das wie ein Schiffchen im Webstuhl auf dem Träger rauf- und runterfahren kann und durch Verlängerung oder Verkürzung des doppelt in ihn eingelassenen Trägerteils die Gesamtlänge verändert. William erfand den Standard für die Körbchengrößen A bis D und erhielt dafür ebenfalls ein Patent.

Der Büstenhalter-Kreation von Ida Rosenthal und ihren Mitarbeitern war ein anhaltender Erfolg beschieden. Alle Frauen wollten so einen »bra«! Die Marke war schon gefunden: »Maiden Form« (später Maidenform). 1925 wurde die erste Fabrik in Bayonne, New Jersey, eröffnet, die nur BHs und keine Kleider mehr herstellte. Später kamen weitere Wäschestücke und Badeanzüge hinzu. Enid schied aus dem Unternehmen aus; aber weder ihr Rückzug noch die Große Depression der Jahre nach 1929 konnten den Erfolgskurs der Firma Maidenform stoppen. Bald gab es Filialen weltweit: in den USA, in Südamerika und in Europa.

Im Jahre 1938 trat Tochter Beatrice in das Unternehmen ein, das so zu einem Familienbetrieb in der zweiten Generation wurde. Später bekannte Beatrice in einem Interview: »Ich studierte damals mit dem Ziel Lehramt, aber tief in meinem Innern wusste ich, dass ich gar keine Lehrerin werden wollte. Als meine Mutter mich fragte, ob ich nicht Lust hätte, in die Firma einzusteigen, war ich außer mir vor Freude. Ich habe meine Mutter immer bewundert. Sie war Unternehmerin zu einer Zeit, in der Unternehmerinnen eine Seltenheit waren.« Die gestrenge Mutter Ida bestand darauf, dass Beatrice das Business von der Pike auf lernte. So kam sie erst mal in die Produktion und nähte Büstenhalter – wofür sie gar nicht begabt war, weswegen sie eine Menge vermasselte. Aber sie musste sich durchbeißen, um schließlich ins Marketing wechseln zu dürfen, wo sie sich sehr viel besser einbringen konnte.

Zum steigenden Umsatz trug auch die agile Werbung bei; eine Kampagne machte besonders von sich reden. Das Foto einer Schönheit in Dessous wird kommentiert durch die Textzeile: »I dreamed that I went shopping in my maidenform bra.« (Ich träumte, ich sei einkaufen in meinem Maidenform-BH.) Außer »shopping« konnte es auch eine andere alltägliche Tätigkeit sein. Raffiniert knüpft diese Zeile an eine Erfahrung an, die wir alle machen: ein Traum, in dem wir (fast) nackt sind. Und sie, diese Zeile, lässt noch eine andere Assoziation zu: Keine Sorge, liebe Kundin. In einem Maidenform-BH sind Sie hervorragend angezogen ... Mit über zwanzig Jahren Laufzeit hielt diese Kampagne einen Rekord.

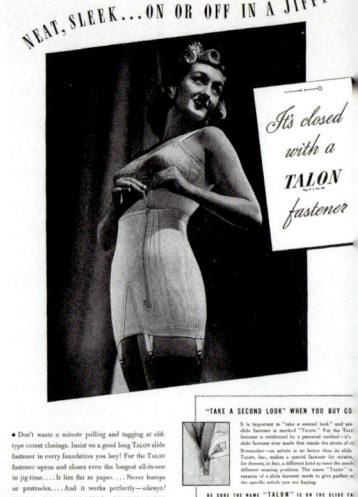

Werbung für Korsett-Reißverschlüsse der Firma Talon. »Harper's Bazaar«, März 1939

Ida und William Rosenthal gelten als Musterbeispiele jener legendären US-Immigranten, die mit leeren Taschen im Land der unbegrenzten Möglichkeiten ankommen, eine gute Idee gut umsetzen und ein Vermögen machen. Insbesondere jüdische Organisationen pflegen heute das Andenken der Rosenthals und rubrizieren ihre Geschichte unter »Jewish heroism«. Die Rosenthals stifteten ein Stipendium für das Studium der jüdischen Geschichte an der New Yorker Universität.

Ida Rosenthal starb 1973, lange nach ihrem Mann. Sie blieb dem Unternehmen bis zu ihrem Ende eng verbunden. Ihre Nachfolge an der Spitze trat Tochter Beatrice Rosenthal-Coleman an. Bis 1990 blieb Maidenform in Familienbesitz. Die Firma, die ihre Produktlinie seit den Anfängen von 1925 natürlich mehrfach diversifizierte, hält nach wie vor bedeutende Marktanteile.

Aus der ukrainischen Provinz in die amerikanische Großstadt – Ida Rosenthal hat die lange Reise mit glänzendem Erfolg absolviert. An ihrem Schreibtisch in den 60er Jahren

Seetang und Birkenrinde

Anita Roddick
und die Body Shops

Man stelle sich vor: eine Frau in ihren Dreißigern, verheiratet, zwei Töchter, im England der 1970er Jahre – einem Land, das wegen seiner daniederliegenden Industrie auch der »arme Mann Europas« genannt wurde. Es gab nur wenige Jobs, und Anita Roddick, 1942 in Littlehampton geboren, musste sehen, wie sie zu Geld kam. Ihr Mann Gordon Roddick war gerade dabei, sich seinen Lebenstraum zu erfüllen und mit einem Pferd von Buenos Aires nach New York zu reiten – eben ein Sonderling. Frau Roddick stand ihm allerdings in nichts nach. Sie hatte ihre »Grand Tour« zu diesem Zeitpunkt bereits hinter sich. Als Zwanzigjährige lebte sie zeitweilig in einer ländlichen Kollektivsiedlung in Israel, einem Kibbuz, mit gemeinsamem Eigentum und basisdemokratischen Strukturen. Von hier aus brach sie auf zu einer zweijährigen Weltreise, die sie durch Australien, Afrika und Polynesien führte. Neugierig wie sie war, lernte sie zahlreiche kulturelle und ökonomische Fertigkeiten kennen. Sie beobachtete genau, welche Nahrung die Menschen zubereiteten, mit welchen Dingen sie handelten oder was sie so produzierten, um leben zu können. Besonders interessierte sie dabei, was die Frauen in den verschiedenen Ländern, vor allem in den armen, ländlichen Gebieten, herstellten, um sich vor Krankheiten oder dem Klima zu schützen, oder einfach nur, um sich zu pflegen und schön auszusehen. So verwendeten einige die Innenseiten von Ananasschalen zur Reinigung des Gesichts. Auf Tahiti benutzten Frauen seit Generationen Kakaobutter, um ihre Haut elastisch, glatt und weich zu erhalten. Ohne die Möglichkeit, teure Industrieprodukte zu erstehen, gebrauchten sie natürliche Materialien, die vor Ort in der Natur aufzufinden waren. Diese waren nicht nur preiswert, sondern wegen der kurzen Wege auch frisch und daher von hoher Qualität. Anita Roddick lernte ungewöhnliche Zubereitungsmethoden ebenso kennen wie exotische Zutaten, eigenartige Früchte, Pulver und Fette, aus denen Elixiere, Cremes und Tinkturen gemischt wurden. Sie nutzte jede Gelegenheit, sich die Herstellung zeigen zu lassen, merkte sich die Rezepturen und probierte wenn möglich alles auch selbst aus.

Vorhergehende Doppelseite: Anita Roddick blieb immer eine aparte und schöne Frau – vielleicht weil sie immer das tat, was sie tun wollte und wovon sie überzeugt war. 2002

Anita Roddick interessierte sich stets für den gesamten Produktionsprozess – die Güte der Ausgangsstoffe hatte ihr besonderes Augenmerk. 1988

> **»Der erste Body-Shop-Laden entstand aus einer Reihe von Unfällen. Er hatte einen tollen Geruch und einen schillernden Namen.«**

Roddick in einem ihrer ersten Läden während der Entstehungsphase ihrer später global erfolgreichen Geschäftsidee. 1986

Als sie nun in Merry Old England, in Brighton, auf sich allein gestellt war, besann sie sich auf das, was sie gesehen und gelernt hatte. Aus Zutaten wie Birkenrinde und Seetang kombinierte sie ein Shampoo, aus Kakaobutter machte sie eine Körperlotion, und aus Weißdorn rührte sie eine Creme an. Das alles füllte sie in gebrauchte, gereinigte und handetikettierte Plastikflaschen, die sie in Krankenhäusern einsammelte und die einst für Urinproben vorgesehen waren. Aus Holzlatten nagelte sie ein paar Regale zusammen und strich sie grün an. Ihren Laden nannte sie »Body Shop« – scheinbar naheliegend, wenn man an Körpermilch und ähnliche Dinge denkt, doch im Englischen meint der Begriff eigentlich »Karosseriewerkstatt«. Für Anita Roddick war ihr Laden also auch ein Ort, an dem etwas ausgebeult und repariert wurde – Kosmetik als Runderneuerung sozusagen.

Die Ausstattung des Ladens fiel auch deshalb so dürftig aus, weil die Hausbank lediglich einen Mikrokredit in Höhe von 8000 Euro gewährte. Frau Roddick war in Jeans und T-Shirt und mit ihren Kindern beim Sachbearbeiter erschienen. Der traute ihr trotz der offensichtlichen Begeisterung – oder gerade deswegen – die toughe Geschäftsfrau nicht zu. Frau Roddick erinnert sich: »Der erste Body-Shop-Laden entstand aus einer Reihe von Unfällen. Er hatte einen tollen Geruch und einen schillernden Namen. Er lag zwischen zwei Beerdigungsinstituten, das führte von Anfang an zu Kontroversen, und war unglaublich sinnlich. Es war das Jahr 1976, das mit der großen Hitzewelle, es gab also viel Fleisch zu beschauen. Wir kannten uns damals schon mit Storytelling aus, daher hatten all unsere Produkte eine Geschichte. Wir haben alles wiederverwendet, aber nicht, weil wir umweltbewusst waren, sondern weil wir nicht genug Flaschen hatten. Das war eine gute Idee. Was uns von den anderen unterschied, ohne jede Absicht, ohne jedes Marketing, war, dass unsere Idee in alle Kulturen und soziale Strukturen übersetzt werden konnte und geografische Barrieren überwand. Es gab keinen ausgearbeiteten Businessplan, es geschah einfach so.«

»Frauen benutzen ihren Körper wie eine Leinwand, wie einen Abenteuerspielplatz.«

Einfach so geschah es nicht, denn es gab Vorgeschichten, Vorbilder, ein Lernen am Modell und natürlich Traditionen. So führte Anitas Mutter Gilda de Vita, eine Italienerin, mit ihrem amerikanischen Ehemann in der Nähe von Brighton ein Café. Und wie viele Emigrantenkinder half auch Anita frühzeitig aus. Ihr Kommentar: »Es war wie legale Kinderarbeit. Von Anfang an haben wir im Café mitgearbeitet, es gab keine Freizeit, wir haben gar nicht gewusst, was das ist. Diese Arbeitsmoral ist weit verbreitet in der Kultur von Einwanderern.« Als junge Erwachsene war Anita nicht nur selbstbewusst, sondern auch querköpfig. Aus dem Kibbuz wurde sie ausgeschlossen, nachdem sie jemandem einen Streich gespielt hatte. Später sollte ihr das während ihrer Reise noch öfter widerfahren, etwa in Südafrika, als sie einen Jazzclub für Schwarze besuchte und damit gegen die Apartheidgesetze verstieß – sie musste das Land verlassen.

Als sie 1971 Gordon Roddick heiratete, war das zweite Kind schon unterwegs. Das Paar besaß und führte ein Restaurant sowie ein kleines Hotel. Bald wuchs ihnen die Arbeit jedoch über den Kopf, und sie gönnten sich eine Auszeit, auch um sich neu zu orientieren. Mit Anitas Billigung machte sich Gordon dann auf den weiten Weg zu Pferde. Sie war da pragmatischer veranlagt oder einfach nur reifer, wie man möchte. Sie erinnerte sich all der kleinen Zutaten, die sie von ihren Reisen mitgebracht und in der Garage verstaut hatte. Es waren Zutaten nicht etwa fürs Kochen, sondern zum Anrühren von Kosmetika, beide Verrichtungen sind einander nicht ganz unähnlich. Für den Anfang stellte Frau Roddick lediglich fünfzehn Hautpflegeprodukte her – die sie allerdings in fünf unterschiedlich großen Verpackungen präsentierte. Auf diese Weise wirkte das eher schmale Sortiment so breit, als wären hundert Erzeugnisse im Angebot gewesen.

Nun galt es, zu jedem Artikel auch eine Story zu erzählen. Das fiel Frau Roddick nicht schwer: »Überall, wo ich mit Leuten auf dem Land Zeit verbracht hatte, versammelten sich die Frauen um den örtlichen Brunnen und erzählten Geschichten über den Leib, Geburt, Heirat und Tod. Männer plauderten nur oder erinnerten sich an ihre erste Rasur. Frauen dagegen benutzen ihren Körper wie eine Leinwand, wie einen Abenteuerspielplatz. Sogar wenn sie zum Galgen geführt wurden, legten sie noch Make-up auf. Geschichtenerzählen ist die Grundlage ihrer Bildung. Es geht um Mythen und Legenden, um das, was dich göttlich macht und von den anderen unterscheidet.«

Offenbar fanden die Kundinnen Gefallen an den Produkten ebenso wie an den Geschichten. Bald schon konnte Anita Roddick ein zweites Geschäft eröffnen. Viele Frauen erkundigten sich sogar, ob sie nicht auch so einen Laden führen könnten. Inzwischen war auch der Roddick'sche Cowboy-Ehemann wieder in der Stadt und mischte eifrig mit. Er hatte die Idee, ein Franchisesystem aufzubauen, und so waren die Roddicks schließlich vollauf damit beschäftigt, ihr Body-Shop-Imperium auszuweiten. Die sozialen Bedingungen in den Rohstoffländern und Umweltbelange spielten von Beginn an eine wichtige Rolle. Die Produzenten wurden fair vergütet. In den Industriestaaten wuchs das Umweltbewusstsein und mithin das Bedürfnis nach natürlichen Pflegeprodukten. Und diese erhielten von Anita Roddick so exotische Namen wie Gurken-Erfrischungswasser, Mohrrüben-Feuchtigkeitscreme, Bananen-Conditioner, Seetang-Reinigungsmilch, Erdbeer-Körperbutter, Hanf-Handcreme, Moringa-Seife, Buriti-Babygel oder Papaya-Lippenbutter. Alles hergestellt ohne Tierversuche, Konservierungsstoffe und mit möglichst wenig, meist auch noch wiederverwendbarer Verpackung.

Nun hört sich das alles so an, als wäre die Erfindung neuartiger, ausgefallener Kosmetikprodukte, aufgeladen mit Bedeutung und kombiniert mit ethischem Handeln, zufällig zustande gekommen. Doch wäre dies alles ohne die ungewöhnliche Persönlichkeit Roddicks nicht möglich gewesen. Sie bezeichnete sich selbst als Aktivistin. Noch als sie eine der reichsten Frauen Englands war, reiste sie um die Welt, um sich neue Ingredienzien oder Herstellungsmethoden persönlich zeigen zu lassen. In den meist armen Ländern erwarteten die Menschen eine distanzierte Geschäftsfrau und wunderten sich dann, wenn diese auf den Knien Früchte einsammelte und selbst Hand anlegte. Anita Roddick hat zeit ihres Lebens auch in Wirtschaftsdingen eine moralische Haltung vertreten und Kampagnen gegen Kinderarbeit, Menschenrechtsverletzungen und Frauendiskriminierung initiiert. Die Konkurrenz unterstellte ihr, sie mache das alles aus Marketinggründen. Aber Marketing und Moral können sich wunderbar ergänzen. Dafür steht Anita Roddick, die im Jahre 2007 in Chichester, wo sie auch gelebt hat, gestorben ist.

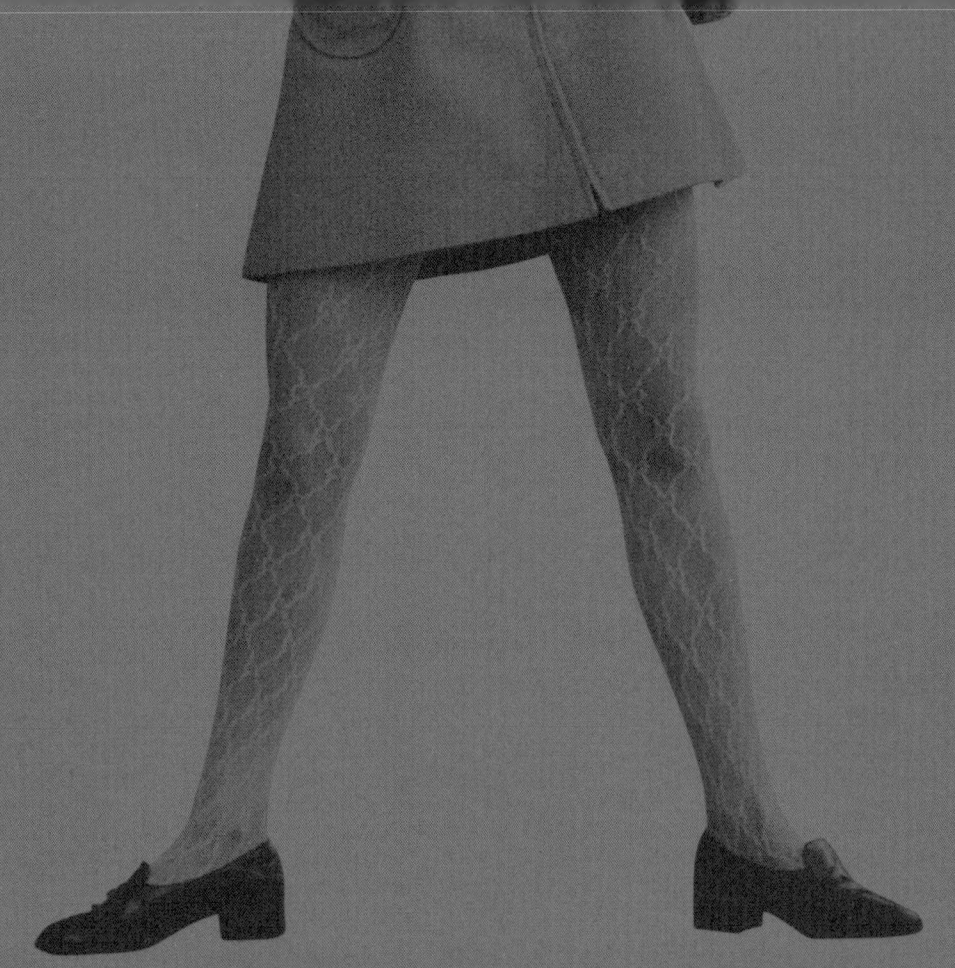

Beinfreiheit
Mary Quant
**und der Minirock oder:
Ein Quäntchen Glück**

Ende der 50er Jahre war die Nachkriegszeit vorbei. Die Jugend hatte keine Lust mehr, zurückzublicken oder das Herkommen zu pflegen; sie entwickelte ihr Lebensgefühl als Freude am Aufbruch, am Rock'n Roll und an der Provokation. Besonders die Mädchen ließen sich nichts mehr sagen. Sie wollten ihr eigenes Geld verdienen und ihren eigenen Weg gehen. Dabei half ihnen eine Errungenschaft besonderer Art: die Anti-Baby-Pille. Jetzt war Sex ohne Angst vor Folgen möglich, und die jungen Frauen nutzten ihre neue Freiheit voller Erwartung.

Auch Mary Quant war so ein modernes Mädchen. Sie wurde 1934 in Blackbeath in der englischen Grafschaft Kent geboren. Ihr Vater war Lehrer, und Mary sollte studieren. Da Kunst und Mode sie reizten, schrieb sie sich an der Goldsmith Art School ein, der führenden Hochschule für Design in London. Sie lernte dort ihren späteren Mann kennen, den Avantgardisten Alexander Plunkett Greene. Beide spürten, dass die neue Zeit eine neue Mode verlangte: jung, frech, verspielt und verrückt müsste sie sein.

Vorhergehende Doppelseite: Eine aparte junge Designerin aus England hat dem weiblichen Kleidungsstück Rock zweierlei abgewöhnt: das Verhüllende und das Beengende: Mary Quant

»Alexander sah mich am liebsten im Mini.«

1955 eröffnete Mary mit Alexander ihre Boutique »Bazaar« in der King's Road, einer lebhaft befahrenen Straße, die durch das Arbeiterviertel Chelsea führt. Sie bot dort Kleider für den Alltag an: aus billigem Stoff, aber ungewohnt im Schnitt, einfach und – kniefrei! Die Idee überzeugte, und so rutschte der Saum immer höher, bis er circa zehn Zentimeter über dem Knie endete: Der Minirock war geboren! Die Kundinnen kamen in Scharen, selbst betuchte Damen wollten diese blutjunge Mode ausprobieren. Hier suchte die elegante Lady neben der kleinen Schülerin nach einem schicken Teil, und beide gingen mit dem gleichen Stück wieder hinaus. Im Jahr der weltweiten Jugendrebellion, 1968, erreichte der Mini den Höhepunkt seiner Popularität. Die konservativen Kreise verdammten diese unverschämte Mode und hielten ihre Kritik nicht zurück: Etwas so

Quant machte die Mode auch für sich selbst – hatte sie doch ausgesprochen schöne Beine. 1965

»Die Leute empfinden das Neue oft als vulgär. Sie hängen alten Vorstellungen an. Aber das Leben ist vulgär. Guter Geschmack ist der Tod.«

Unanständiges dürfe es nicht geben. Mary Quant dazu: »Die Leute empfinden das Neue oft als vulgär. Sie hängen alten Vorstellungen an. Aber das Leben ist vulgär. Guter Geschmack ist der Tod.« Das wahrhaft Neue in jener Zeit sei nicht der Minirock gewesen, sagte Quant, sondern seine Trägerinnen. Hätte sie den Rocksaum nicht nach oben versetzt, hätten die Kundinnen selbst zur Schere gegriffen.

Der Minirock wurde auf seine Weise zum Symbol der sexuellen Revolution, genau wie die Pille und Women's Lib. Doch die Designerin Quant hatte eigentlich nicht so sehr die sexuelle Befreiung im Sinn, als sie den Mini erfand. Der kurze Rock sollte ganz einfach mehr Beinfreiheit gewähren und der miniberockten Büroangestellten morgens ebenso erlauben, hinter dem Bus herzulaufen, wie der Schülerin, über eine Pfütze zu springen, oder einer Hausfrau mit Einkaufsnetz, zwei Stufen auf einmal zu nehmen. Der klassische Minirock ist leicht ausgestellt – und damit ganz das Gegenteil des damals üblichen engen Damenrocks, der das Knie bedeckte und die Trägerin beengte. Doch dass der Mini das Frauenbein auf eine noch nie da gewesene Weise inszenierte, war auch seiner Erfinderin bewusst – und sie wollte es so. War sie doch selbst eine ranke Person mit schönen Beinen. »Alexander sah mich am liebsten im Mini.« Die Strumpfhose gehörte selbstverständlich zum Minirock dazu – sie erlebte als wichtiges Zubehör einen enormen Aufschwung. Nach und nach wurden Minirock plus Strumpfhose salonfähig, gegen Ende der Sixties gab es keine Modenschau mehr ohne sie, nicht mal auf den Schauen konservativer Couturiers wie Yves St. Laurent und Christian Dior fehlte der Mini. Er bot sogar umsatzsteuerliche Vorteile: Klein, wie er war, taxierte man ihn als steuergünstigere Kinderkleidung. Im Straßenbild jedoch wirkte er alles andere als kindlich. Einen gewissen Hautgout als erotische

Provokation behielt er stets bei. »Der Mini«, spöttelte John Lindsay, Bürgermeister von New York, »gestattet es den Mädchen, schneller zu laufen. Das werden sie, wenn sie ihn tragen, auch müssen.«

Apropos New York. Nachdem ihre erste Boutique so erfolgreich war, hatte Quant 1961 in Knightsbridge ein zweites Geschäft eröffnet und den Versandhandel »Ginger Group« gegründet, als 1965 Amerika rief. Die Britin begann nun Outfits für die Textilkette JC Penney zu entwerfen, von der sie, als sie eingeladen wurde, noch nie etwas gehört hatte. Das Unternehmen hatte nicht weniger als 1765 Filialen! Mary schwindelte es. Aber sie war überzeugt: Der Massenmarkt war genau das Richtige für sie. Sie wollte nicht für die Happy Few, sondern für die kleine Sekretärin von der Straße produzieren. Diese Einstellung gefiel den Amerikanern. Quant und ihr Mann reisten in die USA und wurden überall gefeiert, »Vogue« und »Life Magazine« berichteten – das alte England hatte die Neue Welt noch einmal erobert. »Als wir nach London zurückkamen, mussten wir uns erst einmal Fabrikanten suchen, die solche Mengen überhaupt herstellen konnten.« Später, als Japan die Mini-Mode einführen wollte, war Quant schon besser gerüstet. In den 70er Jahren hatte das Designerpaar 200 Läden im Inselreich eröffnet.

Übrigens ließ auch in Frankreich ein beherzter Couturier gleichzeitig mit Quant die Säume über dem Knie enden: André Courrèges. Seine Mode erregte aber mehr Aufsehen durch ihre geometrischen Schnitte und Muster als durch die Länge der Röcke, auch war sie nicht so massenkompatibel wie die der britischen Konkurrentin. So kam es, dass Ruf und Ruhm, den Mini erfunden zu haben, Mary Quant vorbehalten blieben.

Die Anzahl der Zentimeter, die Rock- oder Kleidersaum nach oben wandern durften, blieb auch nach der Durchsetzung des Minis umstritten. Zehn Zentimeter waren bald nicht mehr genug. Ende der 60er Jahre kreierte Quant den Mikro-Mini, der das Höschen sehen ließ, 1971 folgten die Hot Pants, superkurze Shorts, welche die untere Pobackenrundung nicht mehr ganz verbargen. Dior kommentierte diese Entwicklung so: »Kürzer können die Röcke nicht mehr werden. Also werden sie bald wieder länger werden.« Und so kam es. Midi- und Maxilängen eroberten erneut die Laufstege, die Lust an der Verhüllung bestimmte erneut die Mode. Aber der Mini hatte deshalb nicht ausgedient. Er koexistiert bis heute friedlich mit allen anderen Längen.

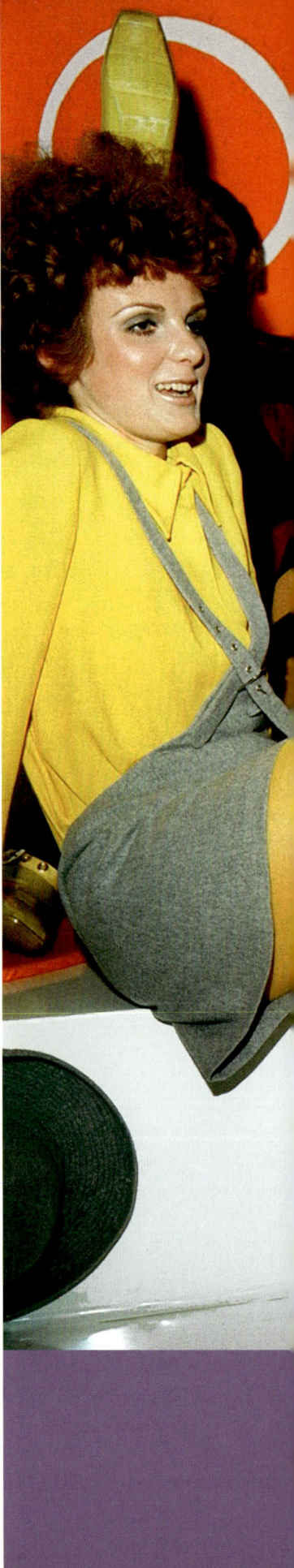

Die britische Modeschöpferin Mary Quant (vorne rechts) mit Models in Miniröcken und farbigen Strumpfhosen, aufgenommen im kunterbunten London der 60er Jahre

»Kürzer können die Röcke nicht mehr werden.
Also werden sie bald wieder länger werden.«

MARY QUANT GIVES YOU THE BARE ESSENTIALS

MARY QUANT BRINGS MAKE-UP UP TO DATE! Everything you need, nothing you don't, for the face of the moment. The bare essentials.

It's a great breakthrough, based on what models actually use. Mary talked to dozens. They gave her the bare facts.

Planned for today's bare bony big-eyed look: Starkers, the nude make-up. Face Lighter, Face Shapers to bring out, minimise,

camouflage what you've got. Eye-Shapers, Liquid Shadow in unobvious colours like Grape, Slate. Blot-Out to give lips a fair bare start. Brown Lip Shaper. Brush Lipsticks. In fact chisel brushes for everything. Madly professional! Nail colours geared to today's clothes: Chrome, PVC White, Camel +. In pairs,

so you can combine them to make a third. Everything compact, portable, fussless.

It's the quick commando beauty kit of the moment. The bare essentials for every girl who wants today's face.

Strip-cartoon instructions give you the know-how step by step; get them from Mary Quant, 3 Ives Street, London SW3.

Doch friedvoll war dieser Prozess nicht von vornherein, dem harmonischen Ende gingen harte Kämpfe voraus. Als der Mini noch neu war, stritten Eltern mit Töchtern, Pfarrer mit Beichtkindern, Lehrer mit Schülerinnen um jeden Zentimeter. In vielen Schulen gab es exakte Vorgaben, und bei zu viel sichtbarem Schenkel maß die Lehrerin mit dem Zollstock nach. »Vogue«-Chefin Anna Wintour soll gar vor die Wahl gestellt worden sein: Minirock oder weiterer Besuch des »North London Collegiate«. Sie entschied sich für den Rock. Ungezählt sind die Mädchen und Frauen, die wegen ihres Mini-Outfits an der Tür eines Restaurants oder Clubs abgewiesen wurden, und der Anlass für folgenschwere Zerwürfnisse in den Familien war häufig genug die Rocklänge. Auch die Urheberin des Skandals kam nicht ungeschoren davon. Quants Studio wurde mit roter Farbe übergossen. Die Heftigkeit der Konflikte zeigt, dass es um mehr ging als um einen Modegag: Der Mini war nichts weniger als ein Symbol weiblicher Freiheit.

Mary Quant mit ihrem Ehemann Alexander Plunkett Greene, der ebenfalls als Designer tätig war. 1973

Als Designerin besaß Mary Quant einen ausgeprägten Schönheitssinn. Den Mini hatte sie für sich selbst erschaffen – und für ihre Generation. Als sie mitansehen musste, wie auch betagte, beleibte und kurzbeinige Frauen Mini trugen, wurde es ihr ein bisschen mulmig. Zwar steht sie bis heute zu der Kühnheit, die in der Mini-Idee steckt, tragen aber sollte so ein Kleidungsstück, meint sie, nur eine Frau mit Beinen, die dieser Idee gewachsen sind. Als die Siebziger nahten und der Mini alltäglich geworden war, verlegte sich Quant auf Kosmetik, Wäsche und Schuhe. Sie schloss schweren Herzens 1971 ihren »Bazaar« und zog mit Mann und Sohn aufs Land. Dort entwirft sie immer noch Kleider – vorzugsweise für ihre japanischen Partner. »Es macht Spaß, Japaner anzuziehen. Sie werden nicht dick.« Im Jahr 2000, mit 66 Jahren, gab Quant die Firmenleitung auf. An ihre Jugend in Chelsea, als sie zu den Kreativen gehörte, die diesen Stadtteil zum Inbegriff von »Swinging London« machten, denkt sie gern zurück. »Wir hatten die beste Zeit, die man haben kann.«

Mary Quant ist als Modeschöpferin bis heute eine Ikone, in aller Welt bekannt und verehrt. 1966 verlieh ihr die englische Königin in Anerkennung ihrer Verdienste um die internationale Mode und den britischen Außenhandel den »Order of the British Empire«. Zur Zeremonie erschien Quant selbstverständlich im Mini.

»Es macht
Spaß, Japaner
anzuziehen.
Sie werden
nicht dick.«

Missionarin der Schönheit

Estée Lauder,
**die seriöse Kosmetik und
die Gratisprobe**

Zu den drei großen K's, aus denen sich lange Zeit die Alltagswelt von Frauen zusammensetzte, zu »Kinder, Kirche, Küche«, könnte man ein viertes K hinzufügen: den eigenen Körper. Auch er war von alters her ein wichtiges »Arbeitsfeld« für Frauen. Mit ihm beschäftigte sich, als Pionierin der kosmetischen Industrie, die weltweit berühmte Estée Lauder.

Josephine Esther Mentzer wurde 1906 in Queens, New York, geboren. Ihre Familie war aus Ungarn und der Tschechoslowakei in die USA eingewandert. Die vielleicht wichtigste Bezugsperson für die junge Esther wurde Onkel John, ein kundiger Pharmazeut, der sich gut mit medizinischen Produkten auskannte und im Haus von Esthers Familie ein kleines Labor unterhielt. So kam das Mädchen in Kontakt mit der Chemie. Sie kannte keine Berührungsängste und war neugierig, zu erfahren, was man mit den Ausgangsstoffen, den »Edukten«, wie die Chemiker sie nennen, so alles anstellen könne. Und Onkel John freute sich über seine kleine Assistentin. Man kann also sagen, dass Esther mit Petrischalen und Erlenmeyerkolben aufwuchs.

Vorhergehende Doppelseite: Estée Lauder, amerikanische Kosmetikerin und Geschäftsfrau, 1961

Estée Lauder war zeit ihres Lebens eine schöne Frau. Das machte es ihr leicht, kosmetische Produkte überzeugend zu verkaufen

Wie viele Einwandererkinder war auch Esther, die zu Hause nur »Esty« gerufen wurde – woraus dann später Estée entstand – stolz darauf, Amerikanerin zu sein. Um einen möglichst hellen Teint zu bekommen, rieb sich die Kleine das Gesicht mit Waschpulver ein. Als Onkel John das sah, war er entsetzt. Er komponierte flugs eine Creme, die sie ersatzweise anwenden sollte und die ihr guttat. Sie hat später, als sie selbst Cremes entwickelte, das Grundrezept des Onkels variiert und das Produkt »Sehr reichhaltige Allzweckcreme« genannt.

Mit 22 Jahren heiratete Estée den Kurzwarenhändler Joseph Lauter. Ihren neuen Nachnamen wandelte sie in Lauder um, weil das weicher und damit amerikanischer klang. Bald darauf wurde der erste von zwei Söhnen geboren. Inzwischen hatte Estée die Welt der Kosmetik besser kennengelernt und verstanden, dass Schönheit ein bedeutender Aspekt der amerikanischen Kultur war. »In einer idealen Welt würden wir alle nach der Schönheit unserer Seelen beurteilt, aber in dieser nicht ganz so perfekten Welt hat eine gut aussehende Frau Vorteile und – meistens – das letzte Wort«, wie Lauder in ihrer Autobiografie vermerkt. Allerdings stand damals künstliche Schönheit, wie die Kosmetik sie anbietet, im Verdacht, unmoralisch zu sein. Dem Make-up wurde in den Thirties noch mit größtem Argwohn begegnet, und auffällig geschminkte Frauen standen unter Verdacht, der Halbwelt anzugehören. Als Lauder 1946 ihr Unternehmen gründete, musste sie also nicht nur einen kommerziellen, sondern auch einen ästhetisch-moralischen Feldzug führen und dafür sorgen, dass das Image von Lotion und Lippenstift seriös wurde. Damals entzogen sich Kosmetikanbieter jedem Verdacht, indem sie ihre Produkte als Heilmittel etikettierten. Auch Lauder präsentierte ihre hochwertigen Erzeugnisse zunächst als eine Art Arzneimittel. Später stand sie mit ihrer eigenen Person für die Achtbarkeit von Körperpflege und Schminke ein.

Wie ihre Kollegin Roddick kontrollierte auch Frau Lauder jede Stufe des Herstellungs- und Vertriebsprozessess. In ihrem Labor

Estée Lauder bewies ihre besonderen Qualitäten als Self made woman, indem sie sich selbst zur Marke in einer Branche mit einer starken Affinität zur weiblichen Kundschaft machte. Ihr Gebot: »Das Streben nach Schönheit ist Ehrensache.« Sie ist einmal mehr Beispiel für jene Sorte von Erfinderinnen, die Dinge aus ihrer Lebenswelt verbessern, weil sie selbst unzufrieden mit dem Vorhandenen sind. In ihrem Fall sind es Cremes und Salben, Seifen und Lotionen, Pasten, Gele und Emulsionen. Ihr Name steht für das unerhörte Versprechen lebenslanger jugendlicher Anmut und Ausstrahlung – für alle Frauen.

Die Herstellung kosmetischer Produkte war die erste Fertigkeit, die Estée erlernte. Und sie war gut darin. Bis zum Ende ihres Lebens hat sie sich in den Labors ihres Unternehmens umgetan und geschaut, was da so in den Gläsern vermengt wurde und in den Kolben köchelte. Ihre Salben, Cremes und Tinkturen kreierte sie anfangs gemeinsam mit dem Onkel, er lehrte sie, worauf es bei der Herstellung von Kosmetika ankommt. Bald hantierte sie selbständig mit Emulgatoren, Stabilisatoren und Zutaten wie Jojobaöl, Sheabutter, Bergamotte,

Patschouli oder Vanille. Emulgatoren sind Hilfsstoffe, die dazu dienen, zwei nicht miteinander mischbare Flüssigkeiten, wie zum Beispiel Öl und Wasser, zu einem fein verteilten Gemisch, der so genannten Emulsion, zu vermengen und zu festigen. Stabilisatoren verhindern bei Cremes die Entmischung der Wasser- und Ölphase. Geschwind und sicher bewegte sich schon die junge Estée zwischen Edukten, Reagenzgläsern und chemischen Prozessen.

Mit der Erfindung der Marke »Estée Lauder« hatte es bei dieser Unternehmerin aber nicht sein Bewenden. Was sie in die überraschte Welt setzte, war ein revolutionäres Marketingkonzept, das inzwischen von der gesamten Branche übernommen worden ist: die *Gratisprobe*.

Als eine der Ersten kam sie auf die Idee, Miniaturtuben und -tiegel ihrer Cremes und Gele umsonst an die Kundinnen zu verteilen und so deren Urteil darüber, ob die »Sehr reichhaltige Allzweckcreme« wirklich so gut sei, wie die Werbung behauptet, an die praktische Anwendung zu koppeln. Da sie selbst eine Frau war, die wusste, wie heikel das Geschäft mit der Schönheit ist und wie schnell die Bemühungen um eine reizvolle Erscheinung sowohl bei den Kundinnen als auch bei der Kosmetikindustrie abgewertet werden können, sorgte sie für einen möglichst privaten Zugang zur Schönheit aus dem Cremetopf. Sie veranstaltete so genannte *Hausfrauenpartys*, um die Kundinnen in der geschützten, vertrauten Atmosphäre des eigenen Heims oder des Hauses einer Freundin ihre Kreationen ausprobieren und wählen zu lassen. Was ihr bei dieser Werbestrategie half, war ihr eigenes gutes Aussehen. Sie konnte es sich leisten, ihre Präparate am eigenen Leib vorzuführen. Diese Formen des Vertriebs sind uns heute nur allzu bekannt, damals, in den 1940er Jahren, waren sie etwas vollkommen Neues.

Lauders Produkte versprachen nicht nur Schönheit für jede Frau, sie waren selbst schön anzuschauen. Werbezeichnung, 1930er Jahre

Lauder ging zu den Menschen hin, statt abzuwarten, dass diese bei ihr vorbeischauten, etwa in einem Geschäft oder an einem Verkaufsstand. Dies war auch eine gute Gelegenheit für die aktive Estée, aus der eingeschränkten Welt der vier K's auszubrechen und sich in der traditionell männlich besetzten Außenwelt zu behaupten. Frisiersalons, Schönheitsstudios und Hotels waren ihre nächsten Anlaufstellen für den Verkauf der Kosmetika. Erste Erfolge stellten sich schnell ein und ermutigten sie, auch bei den »Kathedralen des Konsums«, den Kauf- und Warenhäusern New Yorks, vorstellig zu werden. Als eine der Ersten eroberte sie das berühmte Kaufhaus Saks in der Fifth Avenue. Dort war man bereit, diverse Waren aus dem Hause Lauder ins Sortiment aufzunehmen. Es dauerte nicht lange, und es gab Estées Erzeugnisse auch in anderen Warenhäusern. Im Gegensatz zu ihren Konkurrentinnen Helena Rubinstein und Elizabeth Arden, die sich an ein exklusives Publikum wandten, steuerte Lauder von vorneherein den Massenmarkt an.

> **»Ich wusste nicht, wie ich Frau Joseph Lauder und Estée Lauder zur selben Zeit sein sollte.«**

Der Erfolg und die viele Arbeit ließen Estées Privatleben nicht unberührt. Sie und Lauter lebten sich auseinander. Es kam zur Scheidung. In ihren Memoiren schreibt die Gründerin: »Ich wusste nicht, wie ich Frau Joseph Lauder und Estée Lauder zur selben Zeit sein sollte.« Aber auch Mr. Lauter hatte Identitätsprobleme. Es gab damals kein Rollenvorbild für einen Mann hinter einer großen Frau. Doch offenbar wuchs Joseph über sich hinaus. Denn die beiden heirateten noch einmal.

Bis heute investiert der Konzern einen beträchtlichen Teil seines Überschusses in die Erfindung und Entwicklung neuer Produkte. Um den Erfindergeist immer wieder neu zu beleben, kommen die Mitarbeiter aus aller Herren Länder. Vier Fünftel der Belegschaft bestehen aus Frauen. Es sind also auch heute noch neue Produkte von Erfinderinnen zu erwarten.

Estée Lauder arbeitete bis zum Schluss im Konzern und zog sich erst zehn Jahre vor ihrem Tod vom Tagesgeschäft zurück. Sie starb 2004 in ihrer Wohnung in Manhattan an Herzversagen, 97 Jahre wurde sie alt. Erst nach ihrem Tod erklärte die Familie, dass Estée nicht 1908 geboren wurde, wie sie oft behauptet hatte, sondern bereits zwei Jahre früher, im Jahre 1906. Wahrscheinlich ist diese Mogelei dem Metier geschuldet, in dem Frau Lauder so erfolgreich war – ging es darin doch außer um Schönheit immer auch um Jugendlichkeit.

Estée Lauder genoss ihren Ruhm
und den Erfolg – und sie wirkte fast
ihr ganzes Leben lang daran mit.
1972

Bibliografische Information Der Deutschen Nationalbibliothek
Die Deutsche Nationalbibliothek verzeichnet diese Publikation in der
Deutschen Nationalbibliografie; detaillierte bibliografische Daten
sind im Internet unter http://dnb.d-nb.de abrufbar.

Deutsche Originalausgabe
Copyright © 2010 von dem Knesebeck GmbH & Co. Verlag KG, München
Ein Unternehmen der La Martinière Groupe

Gestaltung und Satz: Erasmi + Stein, München
Herstellung: Büro Sieveking, München
Lithografie: Reproline Genceller, München
Druck: Firmengruppe APPL, Aprinta Druck, Wemding
Printed in Germany

ISBN 978-3-86873-117-0

www.knesebeck-verlag.de